NOTIONS

SUR LES PRINCIPALES QUESTIONS QUE SOULÈVE EN CE MOMENT L'ENTRETIEN DES ROUTES, ET SUR LES MEILLEURS MOYENS DE HATER LES PROGRÈS DE CET ART.

CHALON S. S., IMPRIMERIE DE J. DEJUSSIEU.

NOTIONS

SUR LES PRINCIPALES QUESTIONS QUE SOULÈVE EN CE MOMENT L'ENTRETIEN DES ROUTES, ET SUR LES MEILLEURS MOYENS DE HATER LES PROGRÈS DE CET ART.

Chacun a ici-bas, petit ou grand, une mission à remplir. S'en acquitter avec loyauté, conscience et sincérité, franchise même, selon la mesure de ses facultés, s'y appliquer de son mieux à se conformer, dans sa sphère et suivant ses moyens, à la maxime : Fais à autrui ce que tu voudrais que l'on te fît, c'est être sûr d'être approuvé en ce monde, et récompensé dans l'autre.

Nous sommes arrivés à une époque où il faut tout emporter, non à la pointe de l'épée, mais à celle du raisonnement.

NAPOLÉON.

Par

BERTHAULT-DUCREUX,

INGÉNIEUR EN CHEF DES PONTS ET CHAUSSÉES.

PARIS,

CARILLIAN-GOEURY et V.or DALMONT, Libraires des Corps royaux des Ponts et Chaussées et des mines, quai des Augustins, n.os 39 et 41.

JANVIER 1848.

NOTIONS

SUR LES PRINCIPALES QUESTIONS QUE SOULÈVE EN CE MOMENT
L'ENTRETIEN DES ROUTES

EXPOSÉ.

§ 1er. — L'idée d'écrire cet opuscule a été suggérée à son auteur par les trois motifs suivants :

Comme il sera probablement forcé avant longtemps de renoncer à cultiver la branche de connaissances qui en est l'objet, et ne sera plus par conséquent à même de contribuer à son avancement, il a senti le besoin de saisir le moment où il en a encore toutes les matières présentes à l'esprit pour tâcher de faire profiter son pays de l'expérience qu'il y a acquise, et pour rappeler ce qu'il a fait pour elle. Bien qu'en raison du peu d'attraits qu'elle lui offrait et des ennuis qu'elle lui présageait, ce ne soit pas par goût qu'il lui avait consacré son existence, mais bien parce que, lui ayant reconnu tout à la fois une immense utilité et un état profondément arriéré, il pensait que c'était rendre à la chose publique un grand service que de se vouer à son étude, il n'a pu le faire pendant si longtemps, avec l'ardeur et l'abnégation qu'il y a mises, avec les succès qu'il y a obtenus, sans éprouver à un haut degré ce besoin et celui de lui faire ses adieux.

Tel est le premier de ces motifs ; voici le second :

L'ensemble des mesures prises depuis quelques mois par l'administration, l'une d'elles surtout, lui paraissant à tort ou à raison peu favorable à cette spécialité, et de plus contraire à la marche qu'elle suivait depuis un certain nombre d'années, il a pensé que c'était le cas de continuer la tâche déjà souvent entreprise par lui, et toujours avec succès, d'exprimer franchement son opinion sur le préjudice qu'à ses yeux elle causerait à la société, si elle donnait définitivement à sa nouvelle marche la préférence sur l'ancienne.

Le troisième motif a été formulé par lui en ces termes dans un mémoire qu'il a adressé le 1er mai 1847 à cette administration :

« Toute branche de connaissances, tout faisceau de
» notions ne peut évidemment que gagner, quel que soit
» son état d'avancement ou de retard, à ce que de temps
» à autre on fasse l'inventaire, la revue, l'examen de ce
» dont il se compose ; ou mieux, à ce que l'on étudie la
» marche de sa formation et de son développement, l'on
» éclaire les points où il a passé et surtout celui où il se
» trouve, l'on montre celui ou ceux où il doit tendre, l'on

» précise les recherches à faire, les questions à résoudre
» pour l'y faire arriver. »

C'est une vérité presque triviale, que *qui ne craint rien
peut tout dire, et tout dire même avec bienveillance.* Les
deux épigraphes que l'on vient de lire font deviner qu'il
ne l'a pas oubliée.

Maintenant était-il en position de traiter le sujet d'une
manière satisfaisante ? Autrement dit, les opinions et les
convictions qu'il peut présenter à son égard méritent-elles
beaucoup, peu ou point de confiance ? Telle est la première
question qu'il a dû examiner. La réponse à y faire n'a pu
évidemment être affirmative qu'autant qu'il a pu prouver
que, depuis un grand nombre d'années, il fait de cette
branche de connaissances une étude incessante ; que cette
étude, tant pratique que théorique, a été de plus en plus
heureuse ; que, bien que parmi les occasions qu'il a eues
de s'y exercer, il s'en soit trouvé de fort difficiles, il n'y
a pas moins constamment réussi ; enfin, qu'il est au courant
de tout ce que l'on a écrit et fait d'important sur elle, au
moins en France.

Après cette proposition il a eu à traiter celles-ci : Quels
sont les progrès que l'entretien a faits depuis une vingtaine
d'années ? Quels sont ceux qu'il serait le plus urgent qu'il
fît en ce moment ? De quelle utilité a été le service d'expériences ? De quelle utilité aurait-il pu être encore, s'il
n'eût été supprimé ? Quelles conséquences découlent de cette
suppression ? Enfin, quels seraient, dans l'état actuel des
choses, les meilleurs moyens d'améliorer cette branche
de service ?

§ 2. — Quant à l'esprit qui l'a guidé, c'est celui qui
domine dans tous ses écrits ; c'est la conviction profonde

que, dans tout le répertoire des matières sur lesquelles s'exercent la raison et l'esprit humains, il n'y en a aucune, absolument aucune, qui soit digne du labeur d'une intelligence élevée, qui surtout ne languisse étiolée, si ceux qui la cultivent n'y exposent avec une franchise entière leurs idées, n'y discutent avec une liberté absolue celles des autres : qu'à quelque corps ou administration que l'on appartienne, il suffit, pour que l'on soit en droit, tout au moins dans l'ordre civil, d'agir ainsi, que la manière dont on s'en acquitte soit pleine d'égards, de mesure, d'urbanité, sans aucune amertume même envers ceux dont on aurait beaucoup à se plaindre, et prouve que ce que l'on a réellement en vue c'est le bien, la vérité, les choses, et non les personnes ; que ceux même qui ont du penchant à l'intolérance, ne sauraient dénier ce droit à qui, au lieu de consacrer, ainsi qu'il est d'usage, ses loisirs et ses veilles à des distractions ou à des recherches étrangères à cette matière, les lui a consacrés ; enfin, que, dût-on pâtir d'avoir découvert et attaqué des erreurs même très nuisibles, de n'avoir pas cru infaillibles les personnes qui les ont commises ou partagées, il y a un moyen bien simple de se mettre au-dessus des événements, c'est de se pénétrer de la justesse de cette maxime de Sénèque : *On a peu de chose à craindre des hommes et rien de Dieu*, et de prendre à l'avance son parti de tout ce que l'on peut avoir à en éprouver de pire.

Comme, par suite de raisons que l'on apprendra plus loin, cette brochure est, suivant toutes les probabilités, la dernière que l'auteur doit publier sur l'ensemble des questions d'entretien, il a cherché à y rendre le plus fidèlement possible ce qu'il en sait et ce qu'il en pense, à identifier de son mieux le lecteur avec ses opinions et ses convictions. D'après Buffon, le style c'est l'homme : ne peut-on dire avec autant de justesse : L'homme c'est l'ensemble des principes d'après lesquels il se dirige. Afin de rendre cette identification aussi complète que possible, il a semé avec profusion autour de lui les épigraphes. Telles on a vu celles de ses autres publications présenter le caractère général de ces opinions et de ces convictions, telles on verra celles que renferme celle-ci le représenter encore.

Il a cru devoir revenir souvent sur certains faits, sur certaines idées, dont la répétition pourra lasser quelques lecteurs ; mais comme il tenait à ce qu'ils restassent gravés dans la mémoire, il a mieux aimé mériter ce reproche que de s'exposer à les voir perdre de vue dans l'ensemble. *La répétition, a dit Napoléon, est la plus utile, la plus puissante des figures de rhétorique.*

Il a commis, et sciemment aussi, une faute infiniment plus grave, mais qui était inhérente à l'objet le plus important de cet écrit. Il se propose en effet d'y mettre en évidence que la solution des principales questions que soulève l'entretien des routes et les progrès que réclame cet art, ont reçu de la suppression toute récente du service d'expériences un coup funeste, et que les personnes qui l'ont conseillée à l'administration l'ont par conséquent induite dans une erreur très fâcheuse pour le pays et pour la science. C'était donc pour lui une nécessité, quelque triste qu'il soit de faire son apologie, d'exposer d'abord les services aussi grands que nombreux et tout exceptionnels qu'avaient déjà rendus cette création et son chef, ensuite les avantages frappants qu'ils offraient pour l'avenir.

§ 3. — Ces notions seront, pour plus d'ordre et

de clarté, divisées en sept sections, sous les titres suivants :

1° Les opinions et surtout les convictions que l'auteur peut présenter à leur sujet, méritent-elles beaucoup, peu ou point de confiance ?

2° En quoi consistent les principaux progrès que l'entretien des routes a faits depuis une vingtaine d'années ?

3° Quels sont ceux que, dans l'état actuel des choses, il serait le plus important qu'il fît ?

4° De quelle utilité a été le service d'expériences ? De quelle utilité aurait-il pu être encore dans le présent et dans l'avenir ?

5° La suppression qui vient d'être faite de ce service offre-t-elle matière à des considérations qui jettent quelque jour sur l'état de choses que cette brochure a pour objet ?

6° Des meilleurs moyens de hâter les progrès de l'entretien.

7° Résumé et conclusion.

Iʳᵉ SECTION.

LES OPINIONS ET SURTOUT LES CONVICTIONS QUE L'AUTEUR DE CET ÉCRIT PEUT PRÉSENTER SUR LES QUESTIONS DE ROUTES, MÉRITENT-ELLES BEAUCOUP, PEU OU POINT DE CONFIANCE ?

> Tout le secret pour être supérieur en un genre, est de s'y livrer en négligeant les autres.
>
> BICHAT.

> Il ne servirait de rien de le contester, toute spécialité hors de ligne fait autorité.

SOMMAIRE.

Depuis une vingtaine d'années l'auteur a fait paraître de nombreux ouvrages sur la matière ; il s'y est livré à des expériences multipliées ; il a reçu d'une foule de personnes éclairées, et des chefs de son administration entre autres, des témoignages remarquables des succès qu'il y a obtenus. — Des enquêtes privées des plus flatteuses ont aussi fait foi de ces succès. — Presque tous ceux de ses confrères qui y ont acquis quelque spécialité, conviennent des grands services qu'il y a rendus. — Ses publications prouvent qu'il a étudié avec soin et en détail ce qui a été fait et écrit sur elle en Angleterre, et que pour s'en mieux acquitter, il s'est rendu dans les trois royaumes dont se compose cette contrée, qu'il y a examiné différentes routes, et y a consulté les ingénieurs qui y faisaient autorité, tels que Mac-Adam, Mac-Neel et autres.

§ 4. — Lorsqu'il y a dix-neuf ans, il commença à faire des publications sur cette matière, il fut évident pour tous ceux qui le lurent que depuis longtemps il en faisait l'objet de ses méditations et d'une pratique soignée. Mais n'en fût-il alors qu'à son début, comme depuis cette époque il l'a traitée dans nombre d'écrits, et n'est jamais resté plus de deux ou trois ans sans en faire paraître un nouveau, il est clair que, depuis au moins une vingtaine d'années, elle lui est très familière. Ce fait ressort d'ailleurs patemment de la nature même du poste que son administration lui avait confié depuis une quinzaine d'années, et dont il sera parlé dans l'instant. Déjà donc la première des conditions énoncées précédemment est assez bien remplie : passons à la seconde.

§ 5. — Ayant cru, il y a quinze ans, pouvoir essayer d'attirer l'attention du chef éminemment distingué qui était alors à la tête de l'administration des ponts et chaussées et qui vient de la quitter, sur le succès avec lequel, depuis quelques années, il dirigeait la tenue d'une route réputée inentretenable (1), il lui avait exprimé la persuasion où il était que, si l'on voulait bien le charger d'appliquer en grand ses idées, il ferait faire à l'art profondément arriéré de l'entretien des progrès sensibles. Ce haut fonctionnaire se montra disposé à accueillir son désir : mais, avant de rien statuer sur la demande qui en était la conséquence, il jugea convenable de la soumettre au conseil général. Celui-ci chargea trois de ses membres de lui faire

(1) Un ingénieur en chef fort remarquable, qui peu d'années auparavant avait cette route dans son service, lui avait écrit à son sujet ce qui suit :

Jai toujours devant les yeux cette malheureuse route de Chagny. Faites-
» moi le plaisir de me dire où vous en êtes pour son entretien, quelle est
» la longueur de chaque station de cantonnier, quelle quantité de pierres
» exige chacune d'elles, quelle est la nature de cette pierre ; enfin, dans
» quel état se trouve sa surface en ce moment. Si elle est sans ornières
» (elle l'était en effet), vous avez fait un miracle ; il ne me reste qu'à sa-
» voir ce qu'il vous a coûté. »

à ce sujet un rapport. Au bout de quelques jours il eut lieu, une discussion s'établit, et l'assemblée décida *à l'unanimité* qu'il était à souhaiter qu'un service d'expériences fût créé (1), et qu'il fût confié à l'auteur de la demande. Mais une question incidente avait été débattue, et même assez vivement. Cet ingénieur avait exprimé l'opinion qu'un tel service devait, pour avoir toute l'utilité désirable, comprendre le plus grand nombre possible des éléments, les différences de climat, entre autres, qui concourent à la production des phénomènes qui se passent sur les routes : que, par conséquent, il devait de nécessité traverser plusieurs départements. Une forte portion du conseil, dans laquelle, si notre mémoire n'est pas en défaut, se trouvaient les trois commissaires, fut de cet avis. Mais la majorité pensa que ce serait blesser l'amour-propre des ingénieurs en chef des départements où passerait le champ d'essais (2), et opta pour que l'on nous confiât de préférence un département. Nonobstant ce vote, l'administration préféra une seule et même ligne comprenant une portion de route qui, peu d'années auparavant, avait été signalée aux chambres par M. le directeur général lui-même, tant était grande alors l'inexactitude des opinions que l'on avait même sur les questions les plus simples, comme impossible à entretenir autrement qu'en la pavant.

(1) Cette unanimité s'explique par ce fait bien connu que les hommes les plus distingués du corps étaient d'avis, ainsi du reste que toutes les personnes qui avaient quelque peu réfléchi sur l'entretien des routes, qu'aucun des problèmes fondamentaux de cette branche de connaissances, n'était résolu ; que même aucun ne pourrait l'être tant que l'anarchie qui régnait à ce sujet dans les idées n'aurait pas cessé, tant que des faits nombreux, et surtout les principaux, n'auraient pas été découverts.

(2) On conçoit la légitimité de cette crainte, quand on songe qu'à cette époque l'ingénieur dont il s'agit n'était encore qu'ingénieur d'arrondissement.

La décision fut prise au mois de mai 1833 , et telle fut la promptitude de ses heureux résultats, que, deux ans après, l'ingénieur à qui cette ligne avait été confiée ayant cru devoir écrire aux maires des communes riveraines, aux maîtres de poste, aux directeurs d'entreprises de messageries et de roulage, etc., etc. , pour leur demander leur avis sur la tenue du service, il en reçut les réponses les plus satisfaisantes et les plus flatteuses, réponses dont il s'empressa de donner connaissance à l'administration.

§ 6. — **Deux ans plus tard , au mois de janvier 1837 ,** le roi ayant, dans une de ses allocutions du jour de l'an, où il avait en vue l'affreux état de la route de Lyon à Marseille, manifesté le haut intérêt qu'il portait à l'entretien de cette espèce de voie, M. le sous-secrétaire d'état jugea à propos d'envoyer cet ingénieur visiter cette communication, et de lui demander son avis sur ce qu'il y aurait à faire pour la rétablir. La conclusion de son travail fut que ce serait agir sagement que de la confier à des ingénieurs anglais qui auraient acquis, dans la spécialité de l'entretien, une grande expérience. A cette époque il n'avait pas encore fait le voyage d'Angleterre , et étudié, comme il l'a fait depuis , soit dans les publications du parlement et les écrits des ingénieurs de cette contrée , soit sur les routes des trois royaumes , la manière dont les choses de ce ressort y étaient traitées. Ce haut fonctionnaire lui fit l'honneur de lui répondre à ce sujet ce qui suit :

« Je ne vois pas, Monsieur , pourquoi l'administration
» aurait recours à des ingénieurs étrangers, lorsqu'elle
» peut faire appel à des ingénieurs dont les talents et le
» zèle ne lui ont jamais fait défaut , et , dans cette cir-

» constance, Monsieur, c'est sur votre spécialité que j'ai
» compté. »

La tâche lui paraissant au-dessus de ses forces, il pria
ce ministre de l'en dispenser ; mais celui-ci insista si vivement, et en lui déclarant qu'il s'agissait d'un grand service à rendre au pays, qu'il accepta.

Par suite d'une prompte décision, elle lui fut confiée
dès le mois de février ; et, en cette circonstance encore,
des enquêtes privées on ne peut plus satisfaisantes et louan-
geuses vinrent prouver à l'administration qu'elle n'avait pas
eu tort de bien augurer de son dévouement (1), et que ce
n'était pas en vain qu'il s'était voué exclusivement à la spécialité de l'entretien. Aussi lui en a-t-elle à diverses époques
témoigné son contentement, comme vont le montrer quelques passages saillants de ses dépêches.

Voici un des plus anciens :

« J'ai lu, Monsieur, les détails dans lesquels vous en-
» trez à cet égard avec le plus vif intérêt, et je vous re-
» mercie beaucoup de me les avoir adressés. Je vous in-
» vite d'ailleurs à ne pas vous décourager et à poursuivre
» la tâche utile et laborieuse que vous avez entreprise avec
» tant de succès. J'ai pu vérifier moi-même une partie de
» ce succès..... En toute circonstance je me ferai un devoir
» et un plaisir de signaler les services que vous avez rendus
» à l'état par vos études persévérantes et les heureuses ap-
» plications que vous avez faites de votre système. »

En voici un plus récent :

» Je ne puis que vous féliciter d'ailleurs, Monsieur, de

---

(1) Il a failli payer cher ce dévouement, car pendant trois ans sa santé
a été tellement altérée, que les médecins assuraient que jamais elle ne se
rétablirait.

» la persévérante énergie avec laquelle vous avancez dans
» la voie que vous vous êtes tracée. Les routes de terre
» seront toujours chez nous la partie la plus importante
» de notre système de communications intérieures. En
» vous dévouant, comme vous l'avez fait, à la recherche
» et à la propagation des meilleures méthodes d'entretien
» des routes, vous vous êtes acquis des titres à la recon-
» naissance du pays : la mienne du moins ne vous man-
» quera pas. »

Celui qui suit date de quelques mois :

« Je me plais à reconnaître que ce zèle ne s'est jamais
» démenti, et vous venez d'en donner, dans les circons-
» tances difficiles où vous vous êtes trouvé récemment, de
» nouvelles preuves que l'administration sait apprécier à
» leur juste valeur. »

En outre, il y a quatre mois, un ingénieur étranger, qui
avait été à ce qu'il paraît recommandé à cette administration par son gouvernement, se présenta chez lui muni
d'une lettre de recommandation d'elle, où se trouvent ces
paroles :

« Je crois ne pouvoir mieux faire pour faciliter à M.***
» le moyen d'atteindre le but qu'il se propose (l'étude des
» meilleurs procédés de l'entretien des routes), que de le
» mettre en rapport avec vous, Monsieur, et de vous prier
» de l'accueillir avec bonté, et de lui indiquer les prin-
» cipaux résultats de vos recherches et de votre longue
» et si utile expérience. »

De plus, pendant que M. le ministre actuel des travaux
publics était préfet de Lyon, il lui avait fait l'honneur
de lui écrire ceci :

« Je ne me permettrai point d'indiquer à un ingénieur,

» maître comme vous dans la science de l'entretien des
» routes , ce qu'il y aurait à faire , etc.

Enfin , une décision qui , au mois de novembre dernier,
a supprimé tout à coup le service d'expériences, contient
ce passage :

« Le ministre aurait désiré vous confier la direction
» d'un département, vous lui avez déclaré que vous ne
» pouviez accepter cette position (1) : il a décidé dès-lors
» que vous serez chargé de résumer, sous forme d'instruc-
» tions, le résultat de vos expériences. Vous conserverez
» dans cette situation l'intégralité de votre traitement d'in-
» génieur en chef de 1.re classe.

» Les frais fixes attribués aux dépenses de votre service
» actif cesseront de vous être payés à dater du 1er dé-
» cembre. »

Une preuve d'ailleurs que l'administration n'entendait
pas , en prenant cette mesure , revenir sur ses éloges anté-
rieurs, c'est qu'une dépêche qui a suivi de quelques jours
cette décision , s'exprime ainsi :

« Dans la position qui vous est faite, vous pouvez,
» Monsieur , rendre de très utiles services au pays et à l'art
» qui a été l'objet constant de vos études et de vos recher-
» ches. Je recevrai toujours pour ma part, avec beaucoup
» d'intérêt, tous les documents que vous voudrez bien me
» communiquer. »

(1) L'ingénieur dont il s'agit a en même temps fait connaître le motif de
ce refus, motif qui consiste surtout, ainsi qu'on le verra dans la 5me section, en ce que s'étant voué à peu près exclusivement, depuis une quinzaine d'années, à l'étude des questions d'entretien, il était, comme il
l'est encore, convaincu qu'un changement de spécialité lui serait très dé-
favorable et qu'il n'en remplirait pas les devoirs à sa satisfaction. Autant
il se sent ferme et solide sur la première, autant il se sent faible sur l'ensemble des spécialités qui lui était offert.

§ 7. — Ces suffrages pourraient être corroborés par beaucoup d'autres, dont bon nombre dûs aussi à des hommes éminents, à des pairs, à des députés, à certains entre autres, qui habitant les uns constamment, les autres une partie de l'année, des localités contiguës à la communication qui était affectée au service d'expériences, ont été à même d'apprécier, et presque jour par jour, la manière dont les choses s'y passaient et le contraste frappant qui existait entre cette manière et celle antérieure généralement usitée dans toute la France. De tels témoignages ajouteraient certainement beaucoup au degré de confiance que peuvent mériter les propositions et les considérations que l'auteur présentera plus loin : mais on pensera sans doute que, lorsqu'une administration, qui, comme celle des ponts et chaussées, a la sagesse de ne pas être prodigue d'éloges, s'exprime et agit de la manière qui vient d'être exposée, cela suffit pour qu'il ne puisse rester de doute sur la spécialité hors de ligne de celui qui en est l'objet. Il ne dira donc plus sur ce point que quelques mots.

Bien des ingénieurs lui ont, dit-on, écrit ce qu'ils pensaient de ses travaux et de ses doctrines. Leur opinion peut être résumée dans ce peu de paroles que lui disait, il y a quelques années, celui de MM. les inspecteurs qui s'est le plus occupé de l'entretien des routes et qui a le plus fait pour son amélioration.

« Comme vous le savez et en comprenez aisément la rai-
» son, vos confrères ne sont pas tous d'accord sur le de-
» gré de valeur de vos principes et de vos méthodes ; mais
» ils le sont tous sur la grandeur du service que vous avez
» rendu au pays, en vous dévouant comme vous l'avez fait
» à l'étude des questions d'entretien, en y stimulant sans
» pitié, et parfois même peut-être avec un peu de rudesse,

» l'administration et vos confrères, en n'épargnant pour
» cela ni peines ni sacrifices, en rédigeant et en répandant
» à profusion vos publications ; en deux mots, en faisant
» de cet objet une affaire personnelle, et presque votre
» unique pensée. »

Enfin, voici ce que lui écrivait, il y a quelques années,
un ancien directeur général des ponts et chaussées.

« ..... Je considère les améliorations que vous avez in-
» troduites comme la plus importante conquête industrielle
» de ces temps-ci ; il n'en est aucune en effet dont les ré-
» sultats doivent se généraliser davantage, et procurer au
» pays une somme plus élevée de bien-être. Vos mé-
» thodes, je l'espère, finiront par se propager de route
» en route, de chemin en chemin, sur toute la superficie
» de la France...... Votre destinée est celle de tous les
» hommes qui font quelque chose de grand et d'utile, ils
» sont harcelés. . . . .
» . . . . »

A quoi il croit devoir ajouter ce passage d'une lettre que
lui a écrite, il y a quelques semaines, au sujet de deux mé-
moires qu'il lui avait adressés, un des inspecteurs généraux les plus distingués entre ces hommes déjà si éminents :

« ..... Je suis encore tout étonné de la hauteur à la-
» quelle vous êtes parvenu à porter la théorie et la pra-
» tique de l'entretien des routes. J'espère que le change-
» ment de service que vous venez d'éprouver, loin de
» vous faire abandonner vos recherches, vous donnera
» au contraire le moyen de les continuer, et de mettre
» tous les ingénieurs et l'administration des ponts et chaus-
» sées à même de profiter des nombreuses expériences
» que vous avez faites et des méthodes que vous en avez
» déduites. »

§ 8. — Il ne lui reste plus pour achever cette section qu'à rappeler, d'abord, qu'il a rétabli deux des trois routes citées aux chambres comme inentretenables (l'une d'elles, celle d'Aix à Marseille, est la plus fatiguée de France) : ensuite, qu'il est parvenu, par ses voyages, ses recherches et les publications qui s'en sont suivies, à changer entièrement ou à peu près, parmi les personnes qui s'occupent avec quelque suite de cette matière, l'opinion que l'on avait sur la valeur des actes et des idées de la nation qui, depuis nombre d'années, attache le plus de prix à l'amélioration, à la bonté des voies de communication.

Des publicistes d'un grand talent avaient jeté sur ces actes et ces idées une auréole, un vernis dont l'éclat était de nature à les faire considérer comme des types de beau, et à faire croire que l'on ne pouvait trop se hâter de les prendre pour guides. Tout poussait à l'adoption de cette manière de voir. Il voulut, suivant son usage, juger par lui-même et de près ce qui en était, demanda et obtint la permission de se rendre chez cette nation, y fit toutes les excursions nécessaires, s'y procura de nombreuses publications du parlement et celles des auteurs les plus estimés en la matière, les lut, relut, et démontra, non seulement que les éloges auxquels il vient d'être fait allusion étaient loin d'être mérités, que même ils devaient être remplacés par le blâme, mais encore, et c'est ce qu'il y eut de plus surprenant, que ce blâme était journellement prononcé par ce parlement et par ces auteurs, et qui pis est en termes bien plus sévères qu'il n'aurait pu les employer lui-même ; que, par conséquent, on devait bien se garder de suivre le conseil qui avait été donné de prendre pour modèle ces actes et ces idées.

Il est bon d'ajouter qu'il eut soin de visiter et de consulter les ingénieurs de ce pays qui, comme MM. Mac-Adam, Mac-Neel, Vignole, le général Burgoine et quelques autres, y jouissaient de la réputation d'être plus ou moins versés dans la matière.

Les opinions, les convictions surtout d'un ingénieur qui a pour lui de tels précédents, ont-elles beaucoup, peu ou point de valeur? C'est au lecteur à décider.

Du reste, que l'on ne pense pas qu'il s'en fasse accroire et qu'il prise outre mesure les résultats de ses efforts. Il faudrait aujourd'hui, pour être vain de ce que l'on a fait, connaître bien peu l'histoire des progrès de l'esprit humain. Lorsqu'on voit même les plus grands génies tenir pour presque rien leurs découvertes (1), lorsqu'on voit le grand réformateur du monde, le temps, modifier, transformer généralement à tel point l'héritage qu'ils ont laissé, qu'il ne reste souvent du plus riche, au bout de quelques siècles, que des parcelles dont plus d'une encore n'est probablement pas entièrement à l'abri de ses opérations ultérieures, on se sent si petit, que l'on ne peut plus considérer l'ensemble de ses travaux, si satisfaisant qu'on le suppose, que comme un grain de poussière, bien mieux, comme un atôme. Aussi ne fait-il nulle difficulté d'accepter le jugement que ses critiques portent des siens, quand ils en

(1) Quand on parlait à Newton de l'admiration que causaient ses belles découvertes, il disait: « Je ne sais ce que le monde pensera de mes » travaux, mais pour moi il me semble que je n'ai pas été autre chose » qu'un enfant jouant sur le bord de la mer, et trouvant tantôt un cail- » lou plus poli, tantôt une coquille un peu plus agréablement variée » qu'une autre, tandis que le grand océan de la vérité s'étendait inexploré » devant moi. »

Socrate ne se faisait pas faute de convenir qu'il ne savait rien, et c'est de Voltaire qu'est cette phrase : « Plus on a lu, plus on est instruit; plus » on a médité, plus on est en état d'affirmer qu'on ne sait rien. »

Quel est aujourd'hui l'homme de quelque valeur qui n'en dirait autant?

disent *qu'ils n'ont rien que de fort ordinaire*, *qu'ils s'ex-pliquent tout simplement par ces deux faits :* le premier, qu'il est le seul ingénieur qui se soit voué aussi exclusivement à l'étude des questions de routes ; le second, qu'il est aussi le seul qui ait eu des occasions aussi favorables pour s'y spé-cialiser. Seulement, il y ajoute les réflexions suivantes qu'il croit de nature à rendre ce jugement plus complet :

Tout le secret pour être supérieur en un genre, a dit Bichat, *c'est de s'y livrer en négligeant les autres.* Or, d'après cet ingénieur, il y a pour cela un secret bien meilleur encore, surtout quand on l'associe à celui-ci, et qui ne demande pas non plus de grandes facultés, *c'est de quitter les voies battues*, *et de s'emparer d'un genre incon-nu ou naissant.* A l'époque où nous vivons, ces genres abondent ; il ne s'agit que de les trouver, et de ne pas prendre en les cherchant le Pyrée pour un homme, du clin-quant pour de l'or. Là est tout le mérite, et pour peu que l'on ait d'aptitude aux recherches et de persévérance, il n'est pas grand. Ce qu'il a fait pour l'entretien des routes, il espère, à raison ou à tort, s'il est, comme cela est probable, contraint de l'abandonner, qu'il pourra le faire pour un autre sujet. Aussi le profond chagrin qu'il a éprouvé de se voir privé des moyens de continuer ses essais, de poursuivre ses in-vestigations, a-t-il eu peu de durée. Il se flatte d'ailleurs, ainsi que le fait pressentir la première épigraphe de cet opuscule, que son grain de poussière n'y perdra rien.

IIme SECTION.

—.

EN QUOI CONSISTENT LES PROGRÈS QUE L'ENTRETIEN DES ROUTES A FAITS DEPUIS UNE VINGTAINE D'ANNÉES.

> La nature ne livre pas tous ses secrets à la fois ;
> nous nous croyons initiés à ses mystères, et nous ne
> sommes encore, pleins d'indécision, qu'à l'entrée de
> son temple.
>
> SÉNÈQUE.

> Quand je vois qu'un homme d'esprit dans le plus
> éclairé de tous les siècles n'ose se mettre à table si
> l'on est treize, il n'y a plus d'erreur ni ancienne ni
> moderne qui m'étonne
>
> VAUVENARGUES

SOMMAIRE.

—

Le principe fondamental qui, il y a une vingtaine d'années, dominait l'entretien, était celui-ci : *l'entretien est un métier de pousse-cailloux;* il a été remplacé par cet autre : *l'entretien est un métier, un art et une science.* — Terreur panique causée, il y a 19 ans, au gouvernement, aux chambres, à l'administration des ponts et chaussées, à toute la nation, par suite de l'absence complète dans laquelle on était alors d'idées justes sur les routes. — C'est l'expérience, bien plus que la science, qui a commencé à mettre un terme à cette absence. — On est maintenant d'accord en général de la justesse des propositions suivantes : Que l'entretien demande beaucoup plus de savoir et d'expérience qu'on ne le croyait. — Qu'il exige une surveillance nombreuse, active, bien organisée. — Que c'est une branche de connaissances qui ne fait que de naître. — Que la méthode des répandages en masse, si généralement suivie autrefois est éminemment défectueuse. — Qu'en rase campagne les empierrements sont bien préférables aux pavages. — Que l'entretien des routes très fatiguées est beaucoup plus difficile que celui des routes qui le sont peu. — Que les routes et les institutions anglaises sont loin d'avoir la supériorité qu'on leur croyait — Que les accotements ne sont point un obstacle à la bonté de la viabilité. — Que les surcharges du roulage sont loin d'être aussi à craindre qu'on le supposait. — Que la répartition des crédits ne repose sur aucune règle précise et surtout scientifique. — Enfin, que l'observation et l'expérimentation sagement comprises, c'est-à-dire dirigées d'après des principes et une méthode appropriés à la branche de connaissances dont il s'agit, doivent en être à l'avenir les deux bras.

§ 9. — Quel était, il y a une vingtaine d'années, le principe fondamental de l'entretien ? C'était celui-ci : *l'entretien est un métier de pousse-cailloux.*

L'auteur de cette brochure lui en substitua alors un bien différent que voici : *l'entretien est un métier, un art et une science ;* et se mettant aussitôt à l'œuvre pour montrer que ce n'était pas là de vains mots, il attaqua de front, et déjà presque scientifiquement, une croyance qui venait de jeter dans le gouvernement, les chambres, l'administration, le corps, et même la commission supérieure de 1829, commission si distinguée sous tous les rapports, une véritable panique. Cette croyance, fondée sur une expérience mal comprise, consistait en ce qu'une seule voiture, lourdement chargée, pouvait en un seul jour causer à l'état, en détériorations de chaussées, un dommage de cinq cents francs. Il faut se rappeler ce qui fut dit dans les discussions de cette époque, pour se faire une idée de l'émoi général que causa cette expérience, et la raison en est bien simple. Si le fait était exact, comme le nombre des voitures lourdement chargées qui fréquentaient chaque jour l'ensemble des routes, était énorme, il était clair que le pays était menacé d'un véritable désastre. Or, comment douter de cette exactitude ? L'expérience était dûe à l'un des premiers inspecteurs du corps, qui y jouissait, et légitimement, d'une haute réputation, qui avait fait plusieurs fois le voyage d'Angleterre pour en examiner les routes et les autres ouvrages, qui était un publiciste distingué, qui par conséquent était mieux en état que personne d'éclairer l'opinion sur cette matière. Les mois s'écoulaient, et nul ingénieur ne la contestait. Aussi était-ce un véritable sauve qui peut; il n'y avait ni voix ni plume pour rassurer la nation. Ce que l'on cherchait, c'était un remède. On parlait de confier les routes à des compagnies, de les donner aux administrations départementales : on répétait, et avec plus de force que jamais, le thème déjà si souvent produit, que les ingénieurs étaient trop instruits pour s'acquitter convenablement de l'entretien, qu'il fallait en confier la tâche à des mains moins savantes, etc., etc. : mais de deviner que le mal pourrait bien n'être qu'imaginaire, qu'il pourrait bien n'être dû qu'à l'excessive ignorance où l'on était encore des questions de cet ordre ; mais de deviner surtout la solution de la difficulté, on n'avait nulle idée. Si la question fût restée dans ces termes, que fût-il advenu ? Nul ne le sait.

On en était toujours aux discussions, quand l'auteur dont il s'agit fit paraître une brochure où il montra avec la dernière évidence que l'on s'effrayait d'un fantôme, et que la voiture citée, bien loin d'avoir causé le mal dont on l'accusait, n'avait fait que du bien (1). Cette brochure contenait la démonstration d'autres erreurs non moins généralement reçues et non moins capitales. Aussi, bien qu'il ne fût alors que simple ingénieur ordinaire, et même de seconde classe, fit-elle une grande sensation ; et, lorsque, quatre ans plus tard, il vint demander qu'on lui confiât un

____

(1) Il faudrait des circonstances extraordinairement défavorables pour qu'une voiture, si chargée qu'on la suppose, causât par jour à une route bien tenue un dommage de trois francs.

service d'expériences, le second inspecteur général du corps ,
M. Tarbé de Vauxclairs , émit-il , lui présent , devant
tout le conseil assemblé , l'opinion qui fut aussi exprimée
par d'autres inspecteurs , qu'il y avait assez longtemps qu'il
faisait ses preuves pour que l'on accueillît sa demande et
qu'on lui confiât un département.

La solution qui vient d'être rappelée eut pour le corps
un avantage que l'on n'a peut-être pas assez remarqué. Et
en effet , dans tous les rangs de la société , mais surtout à
sa tête , nombre de personnes affirmaient , et cela était
frappant de vérité , que les ingénieurs étaient trop instruits
pour l'entretien et qu'il fallait le leur ôter. Or , que prouva
cette solution ? qu'il suffisait , pour que cela cess t d'être
vrai , de retourner l'énoncé du problème, et au lieu d'abaisser
les acteurs , d'élever leur rôle. Elle prouva que la véritable
question qui se présentait , c'était une science à édifier.
Presque toute la carrière de l'ingénieur qui l'offrit a été,
on le sait , consacrée à cette tâche , et la certitude où il
était de la mener, comme il l'a fait de tant d'autres , à
bonne fin , n'aura eu d'égal que le chagrin qu'il a éprouvé
d'être mis dans l'impossibilité de la continuer (voir la
5me section).

Cet épisode ne pouvait être passé sous silence , parce que
c'est de lui que date l'époque où l'on a commencé à se
douter que l'entretien pourrait bien ne pas être simplement
un métier de pousse-cailloux. Or , c'était déjà là un grand
pas ; car lorsqu'on ne sait rien , ce qu'il y a de plus essentiel
c'est de le savoir. Mais qui l'avait fait faire, ce pas ? Ce n'é-
tait pas la science, c'était l'expérience.

Avant la production de ce fait , non seulement l'entretien des routes était peu un objet de dissertation entre les ingénieurs , mais encore , comme nous l'avons répété à satiété dans

nos écrits, et rappelé tout à l'heure, il n'était, dans la pratique, qu'un objet trop bas pour être aperçu, et surtout ramassé par des hommes de science comme les ingénieurs. Les cantonniers, abandonnés à eux-mêmes, étaient à peine visités une fois par mois par un surveillant, qui encore n'avait pas la moindre idée de l'art, même du métier, à bien plus forte raison de la science. Aussi avons-nous souvent entendu dire à des inspecteurs éminents que cette institution était très défectueuse, et qu'ils lui préféraient de beaucoup celle anglaise; aussi l'un d'eux, M. Polonceau, l'a-t-il condamnée dans ses ouvrages. Mais laissons tout cela, et bornons-nous à énumérer rapidement les progrès qu'a faits depuis lors l'entretien, progrès dont l'initiative appartient en totalité, ou bien peu s'en faut, les écrits en font foi, à l'auteur de cet opuscule. Nous ne parlerons, bien entendu, que des principaux; de simples notions comme celles que nous avons en vue ne sont pas un traité, pas même une revue (1).

§ 10. — 1° Tout le monde aujourd'hui reconnaît, au moins en théorie, que l'entretien mérite une attention toute particulière, qu'il exige des connaissances et une expérience beaucoup plus difficiles et plus longues à acquérir qu'on ne le croyait; enfin, qu'il ne saurait être pratiqué économiquement et avec succès qu'à l'aide d'une surveillance plus ou moins forte, bien exercée, bien organisée. (C'est un ensemble d'idées diamétralement opposé à celui qui découlait du principe *pousse-cailloux*.)

(1) Les personnes qui voudraient s'édifier tout-à-fait sur cette matière, pourront consulter nos autres ouvrages, les derniers surtout. La désignation s'en trouve au verso de la couverture de celui-ci. Nous recommandons particulièrement le dernier qui a paru en mai 1845 sous ce titre : *Historique, situation et raisons d'être du service d'expériences*, etc.

2° Les ingénieurs qui se sont beaucoup occupés d'entretien, conviennent que cet ordre de connaissances ne fait que
de naître, et que les éléments scientifiques sur lesquels il
doit reposer, c'est-à-dire les faits *particuliers*, les faits
simples ou primordiaux, comme les désignent les savants,
y sont encore à découvrir : que l'on n'y possède pas même
encore d'instrument, d'appareil scientifiques (1), propres
à étudier les phénomènes dans lesquels gisent confondus,
entremêlés et inaperçus, tous ces faits.

3° La méthode des répandages généraux, suivie pendant de longues années dans toute la France, et aussi en
Angleterre où elle l'est encore, est aujourd'hui, et à bon
droit, à peu près universellement abandonnée, du moins
en théorie. Cependant il y a des ingénieurs qui pensent
qu'aidée des rouleaux, elle pourrait être reprise avec avantage.

Il est vrai que celle qui l'a remplacée, et que l'on dé-
signe ordinairement sous le nom de méthode *des emplois
partiels* ou *du point à temps*, a encore des opposants. Mais
cela tient probablement à ce que souvent elle est mal comprise, et parfois même, quoique de très bonne foi, étran-
gement défigurée : ainsi, par exemple, un mémoire récemment inséré dans les Annales des ponts et chaussées, contient à son sujet, entre autres choses, cette phrase :

« J'ai toujours éprouvé une répugnance invincible à
» ériger en principe que, pour regagner l'épaisseur usée, il
» fallait diriger l'entretien de manière à reproduire des
» flaches nouvelles. »

---

(1) Nous en avons trouvé un que, depuis une sixaine d'années, nous em-
ployions sur le service d'expériences, et qui nous paraît propre à remplir,
dans l'étude de la plus grande partie des phénomènes de routes, un rôle
analogue à celui que le baromètre et le thermomètre jouent en physique.

Mais quel est donc le partisan éclairé de cette méthode qui n'aurait la même répugnance ?

Nombre d'ingénieurs, en visitant celles de nos routes qui , n'étant pas par trop insuffisamment dotées , pouvaient être maintenues excellentes , ont dit : « Il est impossible » de rien voir de plus uni , de meilleur , souvent même de » plus beau. » Combien de fois celui de ces ingénieurs que l'on peut le moins suspecter en pareille matière, M. Dumas , ne nous a-t-il pas tenu ce langage ? Ces voies cependant sont entretenues d'après cette méthode. Elle ne remplace donc pas les anciennes flaches par des flaches nouvelles.

Sur une partie du service d'expériences qui avait des empierrements excellents intercalés entre des pavages d'une bonté et d'une beauté rares , le public demandait le convertissement de ceux-ci , qui cependant avaient encore l'avantage d'être accompagnés d'accotements en général on ne peut mieux entretenus , même comme les empierrements. L'ingénieur qui les avait amenés à cet état y tenait beaucoup et s'y mirait , aussi ne pouvait-il se décider à accéder à ce désir. Mais, comme c'est un homme au-dessus des petites faiblesses , il a fini par en prendre son parti. Certes, si la méthode du point à temps eût eu les inconvénients qu'on lui suppose si gratuitement , on n'eût vu ni le public préférer à de très bons pavages des empierrements entretenus d'après ses principes , ni cet ingénieur se prêter de bonne grâce au convertissement de ceux-là.

Voulons-nous dire par là que cette méthode n'ait pas d'inconvénients ? A coup sûr non , car quelle chose si parfaite qu'elle soit en est exempte ? Ce que nous voulons dire, c'est que ceux qu'elle a sont faibles.

Maintenant croirait-on que celle du rouleau, qui d'ailleurs

ne dispense pas entièrement de son usage , n'en ait pas ? Elle a été employée sur différents points du service d'expériences ou dans son voisinage , et nous n'hésitons pas à assurer que les siens l'emportent sensiblement.

Lorsque des procédés indiqués et préconisés par des personnes dont la spécialité est peu contestable , paraissent défectueux , peut-être serait-il sage , avant de les condamner, de supposer que l'on pourrait bien ne pas les avoir compris.

Ces faits et ces considérations ne nous empêcheront pas de convenir , car il faut toujours être juste , que , dans l'état d'enfance où l'art est encore , l'objection a quelque chose de spécieux. Et si elle n'eût été dans ce cas, nous l'aurions laissé passer comme nous en avons laissé passer tant d'autres , sans en parler. Ce qu'elle a de spécieux , c'est que théoriquement elle est fondée ; car il semble en effet que la méthode du point à temps doit créer de nouvelles flaches. Ce qui explique pourquoi pratiquement elle ne l'est pas, et ce que savent tous les ingénieurs qui ont eu le bon esprit d'exécuter les expérimentations que nous avons conseillées dans notre essai de traité sur l'entretien des routes, c'est que l'expérience enseigne que même les meilleures de ces voies ne sont pas plus unies en réalité qu'une peau d'orange ne paraît l'être sous le microscope , que leur surface n'est qu'un ensemble de flachettes , flaches et dépressions séparées par des bosses, protubérances et élévations, lesquelles ne sont les unes ou les autres gênantes pour la circulation que lorsque les pentes ou les rampes que forment leurs sections , surtout dans le sens du mouvement, sont un peu raides. Il résulte de ces faits dont l'exactitude est très facile à vérifier, qu'une flache ou une protubérance , à bien plus forte raison une dépression ou une élévation , peut avoir une flèche de 5 ou 6 centimètres, même de 10 et plus , sans donner lieu à une fatigue appréciable : qu'il suffit pour cela que son inclinaison par rapport à la directrice n'ait pas plus d'un ou deux centimètres par mètre, et qu'il n'y ait généralement que de douces et légères ondulations, jamais de coudes.

Résumant ces courtes réflexions, nous dirons d'abord que la possibilité d'obtenir, au moyen du système des emplois partiels, des routes excellentes , est un fait trop bien acquis pour que l'on puisse le contester : ensuite , que ce fait est très facile à comprendre pour qui s'est livré aux observations que nous avons conseillées : qu'il résulte en effet de ces observations qu'en général la surface d'une route , même la plus parfaite, n'est formée que d'un ensemble de petites surfaces, les unes plus ou moins concaves , les autres plus ou moins convexes, reliées par d'autres du même genre : que l'on y peut faire, tout en la conservant excellente , tel emploi partiel que l'on veut , et qu'il suffit pour cela d'y procéder de manière à ce que la nouvelle surface ne crée ni pentes raides ni coudes, ce qui est toujours très facile et à tel degré même de perfection que l'on désire , pourvu bien entendu que l'on ait des crédits suffisants.

Nous n'avons pas eu, on le pense bien, l'intention d'expliquer en quelques lignes le système du point à temps : nous n'avons voulu que rectifier à son sujet une erreur qui, en raison de ce qu'elle est spécieuse, pourrait s'accréditer. Nous n'avons pas eu non plus , et bien moins encore , la prétention d'imposer notre opinion : quand on ne cesse de confesser dans ses écrits que , malgré ses longues recherches sur une matière, on y est encore fort ignorant, on n'a pas. quelque chaleur que l'on puisse mettre à défendre ses idées , cette prétention.

4° La croyance si universelle où l'on était encore il y a peu d'années, que les pavages étaient préférables, et de beaucoup, aux empierrements, croyance dont un remarquable ouvrage de M. Navier n'avait pas peu contribué à accroître la valeur, est généralement, et avec beaucoup de raison, délaissée (1).

5° On a commencé à comprendre, ce dont on ne se doutait pas encore il y a peu d'années, qu'il existe une immense différence entre les difficultés que présente l'entretien des routes très fatiguées et celui des routes qui le sont peu.

6° Les idées que l'on avait sur la supériorité tant des routes anglaises que des institutions et des méthodes dont elles sont l'objet, ont complètement changé. Nul maintenant ne serait tenté de proposer d'appliquer à la France, même en partie, ces institutions ou ces méthodes.

7° L'opinion qu'avaient généralement, non seulement les hommes les plus éminents, M. Navier entre autres, mais encore une foule d'ingénieurs parmi lesquels des praticiens très distingués, que l'existence des accotements était un obstacle *insurmontable* à la bonté de la viabilité, n'a plus ou presque plus de partisans.

On doit comprendre aisément la grande importance pratique et économique de ce revirement d'opinion.

8° La manière d'envisager la réglementation du roulage s'est modifiée puissamment. Le nombre des ingénieurs et des autres personnes éclairées qui aujourd'hui savent que le maximum de poids que les voitures pourraient porter si elles étaient chargées jusqu'au point de se rompre, est inférieur

______

(1) En cette occasion, comme dans toutes celles où nous exposons des généralités, nous faisons abstraction des exceptions.

de beaucoup à celui que les routes bien traitées peuvent supporter sans le moindre danger , s'est considérablement accru et s'accroît journellement.

9° Presque tous les ingénieurs conviennent aujourd'hui que la répartition du crédit général de l'entretien entre les différents départements , et celle de chaque crédit particulier entre les différentes routes , est entièrement abandonnée à l'arbitraire , ou du moins ne repose sur aucun élément précis , bien moins encore sur aucune règle scientifique.

10° Jusqu'à ces derniers temps on n'avait disserté sur les routes qu'avec des idées spéculatives. Chacun , ingénieur ou autre , conduisait dans son cabinet sa plume d'après les idées justes ou fausses qu'il s'était faites ou pas faites sur la question qu'il traitait. Mais d'observations précises , bien méditées , bien préparées et régulièrement faites , mais surtout d'expérimentations, si médiocres ou mal faites qu'elles pussent être , il n'y avait pas de trace , pas même d'apparence que l'on songeât à en faire. Depuis quelques années on commence à observer et même à expérimenter. Mais , pour observer et expérimenter , il ne suffit malheureusement pas de le vouloir. Et puis cela suffirait , qu'il n'y aurait pas encore beaucoup d'ingénieurs qui le feraient, parce que généralement on se soucie peu d'accroître sans nécessité ses occupations. Mais il ne suffit pas , avons-nous dit , de le vouloir , et la raison qui en est fort simple , raison qui , ainsi que nous l'avons dit bien des fois , a souvent paralysé en nous ce bon vouloir , c'est que dans les matières profondément arriérées on ne sait quoi observer, car on ne voit rien , pas même les choses qui , suivant l'expression vulgaire , crèvent les yeux ; on ne sait sur quoi expérimenter, car on n'a pas même d'idée de ce qu'il y a à chercher , bien moins encore d'instrument pour opérer , et moins encore que tout cela de méthode pour procéder.

Cet ensemble de progrès est sans doute peu de chose ; mais quand on le met en présence de ce qui avait lieu il y a une vingtaine d'années , on le trouve immense. Lui au moins renferme des vérités palpables , des propositions nettes , précises , basées sur des faits plus ou moins avérés. Si l'on pensait que c'est peu pour un si long intervalle de temps , il faudrait se rappeler que si le bas-âge de l'homme ne dure que quelques années , celui de chaque branche de connaissances dure ordinairement plusieurs siècles. *Le grand ouvrier de la nature*, a dit Buffon, *est le temps*.

IIIme SECTION.

QUELS SONT LES PROGRÈS QUE , DANS L'ÉTAT ACTUEL DES CHOSES ,
IL SERAIT LE PLUS UTILE QUE L'ON FIT FAIRE A L'ENTRETIEN ?
QUELS PROBLÈMES SERAIENT LES PLUS URGENTS A RÉSOUDRE ?

> Quiconque cherche la vérité , ne doit être d'aucun parti
>
> VOLTAIRE.
>
> Fais ce que dois , advienne que pourra.

SOMMAIRE.

Malgré les progrès qu'a faits l'entretien , il est encore si arriéré , qu'à chaque instant , faute de savoir les choses , on s'y paye de mots , comme dans toutes les enfances. — Il en est encore à épeler ; mais , pour une branche de connaissances , vingt ans , c'est quelques semaines du bas-âge de l'homme. — Parmi les idées universellement adoptées , il y a quelques années , il y en a de si étranges , que l'on ne peut s'expliquer aujourd'hui comment elles ont régné. — Parmi celles qui règnent aujourd'hui , il y en a qui ne le sont pas moins , qui même le sont encore plus. — Qui , par exemple , pourra comprendre dans vingt ans , dans dix peut-être , qu'à l'époque où nous vivons il n'y eut pas en hiver pour les routes d'inspections d'hommes spéciaux. — Les instructions , même les meilleures , sont une lettre morte tant que l'on n'a pas trouvé ou que l'on n'emploie pas des moyens certains d'en assurer l'exécution. — Les ingénieurs ne sont pas encore d'accord même sur des points fondamentaux de l'entretien. — Il résulte des publications annuelles de l'administration qu'il y a un tel arbitraire dans la proportion du nombre de journées au nombre de mètres cubes de pierres employé , que , dans des circonstances pourtant identiques , un ingénieur adopte un rapport double , triple , quintuple... décuple même de celui qu'adopte un autre. — Indication de la cause ordinaire de cet absurde état de choses. — Bien que les intempéries de deux années consécutives puissent créer aux routes des besoins très différents, les dépenses y sont toujours à peu près les mêmes. — La répartition entre les différents départements du crédit général de l'entretien n'est, et, dans l'état d'ignorance encore existant, ne peut être soumise à aucune règle ; l'arbitraire en est le principal régulateur. — La méthode du cassage des matériaux par les cantonniers est considéré par certains ingénieurs comme une amélioration capitale. Le plus grand nombre n'a pas même cru devoir la soumettre à des épreuves. — Les ingénieurs sont d'opinions très diverses sur la qualité des matériaux. — Ils sont tout aussi divisés sur la question de savoir si la cause principale de l'usure est l'écrasage, ou si c'est le frottement. — Suivant les uns, l'usure serait plus forte en été qu'en hiver ; suivant les autres, ce serait le contraire. — Les trottoirs en rase campagne sont préconisés par les uns et repoussés par les autres. — La solution de toutes ces questions serait d'une haute importance. — Notions sur les moyens à employer pour la chercher. — Grande valeur du principe des spécialités. — Il est bien plus avantageux, en matière d'entretien de routes, d'avoir trop de chefs et de sous-chefs que de n'en avoir pas assez. — La viabilité souffre beaucoup des changements fréquents de chefs. — La sécurité et l'agrément de position des individus contribuent singulièrement à la bonté et à la quantité de leur travail.

§ 11. — On sait que, dans tous les ordres de connaissances, on se paye longtemps de mots avant de savoir les choses, que même c'est là l'un des traits les plus caractéristiques de toutes les enfances.

Un des ingénieurs en chef qui s'est le plus occupé de l'entretien, et dont les routes sont citées comme étant d'une admirable beauté, nous écrivait il y a quelques années ce qui suit :

« Il n'est sorte d'absurdités que je n'entende débiter sur
» votre compte : et si votre méthode est jugée convenable-
» ment par l'administration, elle a encore bien des dé-
» tracteurs parmi les ingénieurs. J'ai vu même récemment
» de nos camarades, et des plus importants, contester le
» principe de l'emploi au fur et à mesure des besoins. Je
» savais bien que ce principe était mal appliqué, mais je
» ne savais pas qu'on le mît en question.

» L'entretien est réellement bien arriéré, comme vous
» l'avez dit tant de fois. On fait encore des rechargements
» généraux tout à côté de vous, et l'on a des routes peu

» fréquentées sillonnées de profondes ornières dans toute
» leur étendue, pendant que les accotements sont chargés
» de matériaux : voilà ce que je viens de voir ces jours-ci.
» Cependant les ingénieurs à qui j'en ai parlé, conviennent
» bien que les rechargements généraux sont une mauvaise
» chose ; mais il n'en est pas moins vrai que ces rechar-
» gements s'exécutent presque partout, et qu'on emploie
» ainsi une grande quantité de matériaux qui ne font que
» gêner la viabilité et qui n'empêchent pas les ornières. »

Bien que ce que nous avons vu dans nos diverses excursions, même récentes, nous autorise à assurer que tout
ou presque tout ce qui est exprimé dans cette lettre est
encore vrai aujourd'hui, ce n'est pas pour le rappeler que
nous la citons ; c'est comme exemple de la facilité avec
laquelle on fait pis même que de se payer de mots. Et en
effet, que, reconnaissant la grande utilité de l'entretien, son
état arriéré et la nécessité d'une surveillance expérimentée
et des plus actives, on croie avoir beaucoup fait quand
on a adressé plus ou moins souvent à ce sujet quelques
recommandations, beaucoup obtenu quand on a reçu plus
ou moins souvent l'assurance que ces recommandations
seraient ou étaient suivies, c'est ce que nous appelons se
payer de mots. Mais qu'on laisse exécuter des répandages
généraux plus ou moins considérables, comme nous en
voyons tous les ans, c'est, suivant nous, faire pis : car c'est
là une de ces fautes qui ne disparaissent pas d'un jour à
l'autre, qui n'occupent pas seulement un court ou un étroit
espace, qui ne sont pas reconnaissables seulement par des
agents plus ou moins expérimentés, qui ne fatiguent pas
médiocrement, et pour un instant uniquement, la circulation ;
une de ces fautes, enfin, qui ne se commettent que quand
on ne sait pas, ou ne veut pas les empêcher.

Cet exemple, qui n'est encore que trop fréquent, est une des preuves les plus palpables de l'état d'ignorance où l'on est encore au sujet des questions d'entretien.

A l'enfant qui demande comment il est venu au monde, on répond qu'il a été trouvé sous un chou, et il se paye de cette explication. Mais l'entretien des routes n'en est pas même encore à faire la question. Il commence seulement à connaître ses lettres et à épeler. Il est vrai que, lorsqu'il y a une vingtaine d'années on lui faisait croire, au grand et trop légitime effroi des chambres, du gouvernement, de l'administration et de tout le public éclairé, qu'une seule voiture pouvait causer par jour à une route un dommage de cinq cents francs; que, lorsqu'on lui faisait croire que le chargement le plus lourd à tolérer par équipage ne devait pas dépasser le poids qu'une pierre grosse comme un œuf était capable de supporter; que, lorsqu'on lui faisait croire d'autres choses aussi peu exactes, dont nous avons également prouvé l'erreur et qu'il est inutile de rappeler, il était loin d'en être là. Il n'y a donc pas lieu de s'étonner trop qu'il ne soit pas encore plus avancé. Vingt ans pour une branche de connaissances qui n'a pas de maîtres, qui est forcée de s'instruire toute seule, c'est à peine l'équivalent de quelques semaines pour un enfant qui en a. Aussi, combien ne serait-elle pas plus arriérée encore, si le dévouement infatigable de quelques ingénieurs ne lui était venu en aide !

§ 12. — Aujourd'hui que l'étrangeté des erreurs qui viennent d'être rappelées est bien connue, on éprouve une peine extrême à s'expliquer comment elles ont pu régner, surtout avec tant de puissance. Et pourtant, parmi celles nombreuses dont on est encore imbu, il y en a qui les

valent, certaines même qui les dépassent. Mais la société,
les corps surtout, sont à chaque instant dans le cas de rappeler, pour un objet ou pour un autre, la parabole de la
paille et de la poutre. Dans dix ou vingt ans, alors que
celles non encore démonétisées l'auront été, il en est dont
on ne pourra parler, auxquelles on ne pourra songer
sans ressentir le même embarras. Citons-en une, car, bien
que cet opuscule doive être succinct, il est utile qu'il con-
tienne quelques mots sur toutes ou presque toutes les parties du sujet qui ont beaucoup d'importance.

Il n'est personne qui ne sache que c'est dans la mauvaise
saison que les routes sont exposées à être orniérées, défon-
cées, plus ou moins inviables, personne qui ne sache que
c'est alors que se font les emplois de matériaux, les grands
enlèvements de boues, pour tout dire en deux mots, que
c'est pendant cette saison qu'a lieu la campagne de l'entretien, que c'est alors le temps des escarmouches, des grandes
et des petites batailles (1), de même que c'est durant la belle
saison que se fait la campagne des travaux d'art : personne
par conséquent qui ne comprenne que c'est l'époque où,
depuis le dernier ouvrier jusqu'à l'ingénieur le plus élevé en
grade, chacun donne la mesure de son expérience, de son
jugement, de son aptitude dans cette branche de l'art et
du métier; que c'est l'époque où les fautes les plus graves
et les plus nuisibles, les plus ruineuses, peuvent être commises, l'époque aussi où les mesures les plus intelligentes,
celles qui dénotent le mieux la spécialité, peuvent être
prises ; que c'est par conséquent aussi l'époque où il serait

(1) Ce qu'en général on ne sait pas, c'est que c'est aussi à cette époque
que les ingénieurs habiles dans l'entretien savent manœuvrer, et surtout
opérer sur les chaussées, à cette époque que ceux inhabiles gaspillent
généralement le plus les sommes dont l'emploi leur est confié.

le plus essentiel que les inspections eussent lieu. Eh bien !
qui le croirait ? c'est, à part quelques rares exceptions,
pendant la belle saison qu'elles se font, et par suite de
l'état vicieux des choses, pendant la belle saison qu'elles
doivent se faire (1).

Quoi ! dira-t-on, il n'y a pas durant la mauvaise saison
des inspecteurs expérimentés dans les travaux de l'entretien,
qui passent la plus grande partie de leur temps à visiter les
routes, ou tout au moins les plus fatiguées, les plus importantes ? Non, lecteur, il n'y en a pas.

Et par qui donc l'administration est-elle instruite de la
manière dont chacun fait son devoir, de la manière dont ses
instructions, celle entre autres sur les répandages généraux,
sont exécutées ? Par personne. — Qui donc lui fait connaître les ingénieurs en chef qui s'acquittent bien, ceux qui
s'acquittent médiocrement, ceux qui s'acquittent mal de
cette partie si essentielle de leurs fonctions ? — Personne.
— Mais cela n'est pas possible. — Non, en effet, cela n'est
pas possible, mais cela est.

Et croyez-vous que cette énormité ne dépasse pas celle
des cinq cents francs de dommage en un jour ? Laissez venir
quelques années, et vous saurez ce qu'en pensera, ce qu'en
dira le public, car chaque jour il s'éclaire.

Quand on parle en thèse générale, on trouve chacun
ennemi des erreurs, des préjugés, de la routine ; mais c'est
toujours à la condition tacite que l'on n'attaquera pas les
siens, car il n'en a pas. Depuis que, prenant pour guide la

(1) Les inspecteurs étant chargés concurremment de l'examen des travaux d'art et de celui des routes, les premiers, qui se font pendant la
belle saison, ont la préférence. D'ailleurs, ces ingénieurs ont rarement,
malgré leurs grands talents et leur supériorité incontestable, la spécialité
de l'entretien, beaucoup même en ont à peine la notion.

maxime d'Aristote : *J'aime Socrate, j'aime Platon, mais j'aime encore mieux la vérité*, nous exposons franchement ce que notre spécialité dans les questions d'entretien de routes nous y fait découvrir, surtout dans le domaine de ces éternels fauteurs d'ignorance, on ne saurait croire combien de fois il nous est arrivé de reconnaître la justesse de cette observation, et d'avoir à souffrir de ses conséquences. Sans doute nous avons rencontré des personnes qui n'ont point eu cette faiblesse, mais ce n'a été le plus souvent que parmi les esprits supérieurs.

Que l'on nous pardonne cette réflexion à la suite du fâcheux ordre de choses que nous venons de signaler, et que l'on se rappelle d'ailleurs qu'ainsi que nous ne cessons de le dire dans nos ouvrages, il serait injuste d'accuser personne d'imperfections ou d'erreurs qui ne sont dues qu'à l'état arriéré de la science et de l'art.

Oser publier, va dire plus d'un de nos confrères, qu'il y a des ingénieurs en chef qui s'acquittent médiocrement, certains même qui s'acquittent mal de celles de leurs fonctions qui sont relatives à l'entretien des routes, pousser l'inconvenance jusqu'à prétendre qu'un assez bon nombre d'inspecteurs n'a pas la spécialité de cette branche de connaissances ! peut-on bien se permettre cela !

Eh oui ! nos chers camarades, on peut se le permettre quand on a, comme nous, et beaucoup plus qu'aucun ingénieur, passé sa vie à étudier la matière. On peut même se permettre bien d'autres choses dont vous reconnaîtrez dans peu d'années la justesse, comme vous avez déjà reconnu celle d'un certain nombre de propositions que vous aviez d'abord rejetées avec tout autant de force quand nous les énonçâmes pour la première fois. Si vous croyez que l'on puisse faire progresser rapidement une science, un art, en se taisant toutes les fois que l'on peut avoir à craindre de heurter des idées généralement admises, ou celles d'hommes puissants, vous n'êtes pas dans le vrai, vous méconnaissez les enseignements historiques les moins contestables et les moins contestés. Le passé fait foi que plus on a de spécialité dans une branche de connaissance fortement arriérée, et plus, quand on veut la faire avancer, on est forcé de froisser ces idées. Au surplus, si vous croyez que nous nous trompons, répondez-nous.

Mais quittons ce sujet, et passons à d'autres d'une nature surtout scientifique, ou de métier et d'art.

§ 13. — Pour peu que l'on se trouve au courant des publications dont l'entretien des routes est l'objet, il est impossible de ne pas s'apercevoir, se bornât-on à considérer celles des ingénieurs qui s'en sont le plus occupés, qui y sont le plus spéciaux, qu'un mésaccord très grand règne encore entre eux, même sur presque tous les problèmes de premier ordre, à bien plus forte raison sur ceux de second. De ceux-ci on n'a généralement pas même l'idée, on ne connaît même pas l'énoncé, ou, si on le connaît, on ne s'en occupe pas plus que si on ne le connaissait pas. Ce fait, si triste à avouer, a été constaté par nous d'une manière si évidente dans nos divers écrits, et en particulier dans les derniers, que nous ne sachions pas un seul de nos confrères qui le conteste. On en verra d'ailleurs dans l'instant quelques exemples qui seront bien faits pour nous dispenser de revenir sur cette thèse.

Énumérons donc, dans l'ordre d'importance que nous leur croyons, les progrès que, suivant nous, il serait le plus essentiel que fît aujourd'hui l'entretien, les problèmes qu'il serait le plus intéressant que l'on résolût à son sujet.

§ 14. — 1° Les règlements même les meilleurs, les instructions même les plus sages doivent être considérés, ou peu s'en faut, comme non avenus, tant qu'on n'a pas trouvé ou que l'on n'emploie pas des moyens certains d'en assurer l'exécution. Le principe du point à temps existait depuis bien des années dans des écrits recommandables. En était-on pour cela plus avancé jusqu'à ces derniers temps? Il n'y était qu'une lettre morte. Tant que, pendant la mauvaise saison, les routes ne seront pas, les principales du moins, inspectées par des ingénieurs ayant la spécialité de l'entretien, et les parcourant chacune sur de grandes longueurs, on peut être assuré, et l'on sait que ce n'est pas d'aujourd'hui que nous le proclamons, qu'il s'y commettra une foule de manquements aux règlements, aux instructions, un grand nombre de fautes, dont beaucoup plus ou moins graves. Il suffit pour en être convaincu des plus simples notions du bon sens (1).

§ 15. — 2° Les écrits des ingénieurs qui se sont le plus occupés d'entretien, attestent, venons-nous de dire, que ces ingénieurs diffèrent de manière de voir sur nombre de points, même d'une importance capitale. Or, il est clair que les mésaccords et les divergences des écrits ne sauraient, dans la pratique, se transformer en accords et en convergences. Aussi, pour peu que l'on ait de spécialité dans cet art, reconnaît-on, en visitant les routes en temps

(1) Il n'est pourtant pas hors de propos de rappeler à ce sujet le fait rapporté page 30 de notre brochure du mois de mai 1843, des deux millions d'indemnité donnés annuellement par l'administration des postes à ses relayeurs, par suite des répandages généraux qui se font encore. Deux millions de rente, bon dieu! parce que l'administration des ponts et chaussées ne consacre pas quelques vingtaines de mille francs à assurer, par des inspections convenables, l'exécution de ses instructions!

convenable, que cette pratique n'offre aucune trace d'harmonie, qu'il y a même un grand nombre de localités où les choses se passent d'une façon déplorable. Aussi rencontre-t-on encore une foule de répandages généraux : dans le mois de novembre dernier, nous en avons vu d'énormes, et quelques-uns qui dénotaient une ignorance à confondre. Aussi n'a-t-on pas même encore de manuel du cantonnier (1), de manuel du surveillant. Qu'y mettrait-on en effet, fût-on la science et l'expérience personnifiées, qui n'eût au moins autant de désapprobateurs que d'approbateurs (2), qui fût d'ailleurs exécuté ?

Quels seraient les meilleurs moyens de remédier à un état de choses si fâcheux ?

§ 16. — 3° Il résulte des publications tout à fait intéressantes (3), distribuées annuellement aux chambres par l'administration, qu'il y a entre les ingénieurs un mésaccord d'une étrange étendue au sujet de la proportion adoptée entre le nombre de journées et le nombre de mètres cubes de pierres à affecter annuellement à chaque route. Cette proportion est tellement arbitraire, tellement dépendante de la manière de voir, de la volonté de chaque ingénieur, que, dans des circonstances pourtant identiques, l'un emploiera par mètre cube un nombre des premières double, triple, quintuple, octuple, décuple même et plus, de celui qu'un autre eût employé à sa place.

(1) Nous en avons publié un pour les chemins vicinaux, et nous nous proposions d'en publier un pour les grandes routes, mais l'avenir qui nous est réservé ne nous permet plus d'y songer.

(2) On en verra, § 32, un exemple assez curieux.

(3) Nous ne saurions toutefois nous empêcher de dire en passant que la manière dont les choses y sont présentées, en ce qui touche le service d'expériences, en donne une idée très inexacte.

Cet état de choses est d'une telle absurdité, que nous ne pouvons nous dispenser de donner une idée de sa cause principale.

Supposons qu'un ingénieur croie bien vu de consacrer à l'enlèvement des matières usées une telle abondance de main-d'œuvre, que ses routes soient constamment, même en hiver, d'une propreté remarquable : cet ingénieur aura bien des chances, et souvent en employant très peu de matériaux, pour obtenir au moins pendant les temps humides, une viabilité des plus satisfaisantes. Le public et lui se féliciteront beaucoup de ce résultat, et pourtant il sera, neuf fois sur dix, la conséquence d'un mauvais calcul, une opération de pur clinquant. Pourquoi cela ? Le voici :

Il est clair que plus la dépense en main-d'œuvre est considérable, et moins, toutes choses égales d'ailleurs, celle en matériaux peut l'être. Si donc, ce qui a presque toujours lieu dans ce cas, celle-ci ne suffit pas pour réparer l'usure, il y a évidemment lieu de se demander s'il n'eût pas été bien plus sage de l'accroître, même fortement, en tenant beaucoup moins à la propreté, surtout dans la belle saison.

Il y a, il est vrai, des ingénieurs, surtout parmi ceux qui pensent que c'est principalement par le frottement que l'usure a lieu, qui accordent à l'enlèvement des détritus une telle importance, qu'à leurs yeux c'est toujours économiser des matériaux que de procéder à cet enlèvement. Ces ingénieurs, qui oublient que l'excès en tout est un défaut, et qui ne paraissent même pas se douter que dans la belle saison l'humidité est généralement plus utile aux routes que nuisible, seraient presque tentés d'employer tous leurs crédits en main-d'œuvre. Mais nos expérimentations sont par trop contraires, et depuis trop de temps, à cette opinion, pour que nous puissions hésiter à la qualifier d'aberration.

Partout il y a des personnes qui se laissent séduire par l'apparence. Quand les ingénieurs qui agissent ainsi n'ont pas des allocations bien supérieures aux besoins réels de leurs routes, ils sont forcés au bout d'un certain temps d'en demander de supplémentaires, pour restituer à leurs chaussées l'épaisseur qu'elles ont perdue. Ils ne s'aperçoivent pas que presque toujours c'est le faux principe qu'ils ont pris pour guide qui en est cause. Et ce qu'il y a de plus fâcheux, c'est que, toujours ébloui par la beauté de leurs routes, ils ne peuvent se décider à croire qu'ils sont dans une mauvaise voie. Ils auraient des allocations doubles, triples même et plus de celles qui leur seraient raisonnablement nécessaires, qu'elles ne leur suffiraient probablement pas.

Ceux de leurs confrères qui ont plus de spécialité, n'éprouvent pas, quand leurs crédits sont suffisants, cet inconvénient; mais aussi la viabilité de leurs routes, quoique excellente, est loin d'avoir généralement un léché et un brillant aussi permanents que celle des leurs.

Il y a dans la société des individus qui sacrifient tout à l'éclat, d'autres qui donnent tout au solide, et, entre ces deux extrèmes, toutes les nuances.

Le même phénomène se passe parmi les ingénieurs, et évidemment dans tous les groupes; mais il est d'une bonne administration de prendre des mesures pour que l'intérêt général n'ait pas à souffrir des extrèmes.

Voilà l'explication fort simple de presque toutes les énormes quantités de main-d'œuvre employées et si mal à propos sur bien des points.

N'y aurait-il pas moyen de mettre un terme à un abus aussi fâcheux ?

§ 17. — 4° La manière dont chaque année les saisons se passent varie constamment plus ou moins et entre des limites qui pour chaque localité sont parfois très étendues. Une année très humide est quelquefois suivie ou précédée d'une année très sèche. Or, les besoins des routes, surtout si, comme on le doit, l'on ne se borne pas aux apparences, dépendent fortement de cette manière, et peuvent être très différents pour chacune. Cependant les crédits sont généralement à peu près les mêmes, ou du moins n'ont presque jamais de rapport avec cet élément d'une importance pourtant fort grande. Y a-t-il ou n'y a-t-il pas quelque moyen de résoudre le problème en apparence très compliqué qui découle de cette observation ?

§ 18. — 5° La répartition entre les différents départements du crédit général de l'entretien, celle de chaque crédit particulier entre les diverses routes du département à qui il est affecté, sont livrées à l'arbitraire (1), ou du moins ne reposent sur aucune règle précise et surtout scientifique. Elles sont souvent, la première surtout, influencées par des considérations fort peu dignes de la science. Ni les ingénieurs ni leur administration ne possèdent aucun procédé, aucune méthode tant soit peu approximatifs pour opérer ces répartitions (2).

(1) Nous savons des départements qui ont sensiblement plus que le nécessaire, et d'autres qui ont sensiblement moins.
(2) Nous avons ouï dire que l'administration se propose d'en employer un que depuis bien des années nous avons proposé dans nos écrits

§ 19. — 6° Il y a des ingénieurs, et nous sommes du nombre, qui affirment que la méthode du cassage des matériaux par les cantonniers est une source féconde d'avantages pour l'entretien, soit sous le rapport de l'économie, soit surtout sous celui de la bonne tenue générale du service où elle fait comme fonction de volant. Il y en a d'autres, et c'est la presque totalité du corps, qui, malgré tout ce que nous avons pu dire et publier à ce sujet depuis une vingtaine d'années, n'ont pas même cru devoir prendre la peine de lui faire subir l'épreuve à laquelle a droit toute méthode préconisée par une spécialité incontestée.

La méthode qui donne le moyen d'économiser au moins les neuf dixièmes de l'emmétrage, est à peu près dans le même cas.

Quand des améliorations aussi importantes n'ont dans un corps que peu ou point d'imitateurs, n'est-ce pas une preuve que tout n'y est pas à beaucoup près pour le mieux, et que là aussi il y aurait matière à un grand progrès ?

§ 20. — 7° La nature des matériaux exerce une grande influence sur le degré de bonté des routes, et aussi sur la dépense qu'elles exigent.

Les ingénieurs diffèrent beaucoup sur le degré de mérite, sur la valeur que l'on doit accorder à chaque nature. Y aurait-il ou n'y aurait-il pas moyen de les mettre d'accord, ou au moins de poser à ce sujet quelques prin-

celui du chiffre de fréquentation ; mais nous croyons pouvoir assurer qu'il lui manque, pour être en mesure d'en faire un usage quelque peu rationnel, des éléments importants.

Nous en avons trouvé depuis un autre que nous croyons bien préférable.

cipes, quelques règles qui diminuassent la gravité de cet inconvénient?

§ 21. — 8° Il y a des ingénieurs qui prétendent que la cause d'usure, à beaucoup près la plus considérable, est l'écrasage ; d'autres que c'est le frottement. Lesquels disent vrai ?

§ 22. — 9° Au dire de certains ingénieurs, les routes s'usent sensiblement plus en été qu'en hiver ; au dire d'autres, c'est précisément le contraire. Il serait plus essentiel que cela ne semble au premier abord de savoir ce qu'il en est.

§ 23. — 10° La méthode des banquettes ou trottoirs en rase campagne, méthode généralement en usage en Angleterre, mais pour une cause qui n'existe pas en France, est préconisée aujourd'hui dans cette contrée par un certain nombre d'ingénieurs, et repoussée par beaucoup d'autres. L'accroissement notable de dépenses qu'elle exige, soit pour l'entraînement des boues, soit par suite de ce qu'elle augmente et maintient plus longtemps et plus facilement l'humidité, serait à nos yeux un puissant motif, au moins dans l'état actuel de faiblesse des crédits, pour en faire défendre l'emploi. Mais, par cela seul qu'elle a en sa faveur une assez bonne portion du corps, il serait essentiel qu'elle aussi fût soumise à une discussion approfondie, basée, comme doivent l'être toutes celles de ce genre, sur des observations et des expérimentations faites avec le soin, la précision, la suite et la connaissance de la matière, sans lesquels ces mots *observation*, *expérimentation*, ne sont rien ou ne sont que du clinquant.

§ 24. — La solution de toutes ces questions, celle même de quelques-unes qui au premier coup d'œil paraissent peu essentielles, n'est rien moins qu'indifférente à la manière de traiter les routes et à la dépense qu'elles exigent. Elle est d'un haut intérêt, non seulement sous le point de vue scientifique, mais encore et surtout sous celui économique. Celle de plusieurs est d'une importance capitale, et constituerait à elle seule un grand progrès.

Maintenant, comment parvenir à leur solution et à celle de tant d'autres dont nous ne soufflons mot ? C'est bien simple, va-t-on dire : En recourant à l'observation et à l'expérimentation. Oui, mais ce n'est encore là que le conseil d'attacher un grelot au cou de Rodillard. Comment y procéder ? Quels moyens employer ? Quel guide prendre ? Ces mots *observation*, *expérimentation*, n'ont par eux-mêmes aucune vertu. Le chimiste d'ailleurs n'observe pas et n'expérimente pas comme le physicien, ni ceux-ci comme le géologue ou le zoologiste, etc., etc.... C'est donc là une autre question, et qui est beaucoup plus difficile à résoudre qu'au premier abord on ne serait tenté de le croire. Touchons-en quelque chose :

Dans un mémoire que nous avons adressé il y a huit mois à l'administration, on lit, parmi des citations nombreuses sur ce sujet, celles-ci :

« Tout, dans les recherches expérimentales, dépend de
» la méthode, car c'est la méthode qui donne les résul-
» tats. Une méthode neuve conduit à des résultats nou-
» veaux, une méthode rigoureuse à des résultats pré-
» cis ; une méthode vague n'a jamais conduit qu'à des
» résultats confus..... » (FLOURENS.)

« L'art de démêler les faits simples est tout l'art des
» expériences..... » (FLOURENS.)

« ..... C'est par des expériences *fines*, *raisonnées et sui-*
» *vies* que l'on force la nature à découvrir son secret :
» toutes les autres méthodes n'ont jamais réussi, et les
» vrais physiciens ne peuvent s'empêcher de regarder les
» anciens systèmes comme d'anciennes rêveries, et sont
» réduits à lire la plupart des nouveaux comme on lit
» des romans..... » (BUFFON.)

« L'art de faire des expériences, porté à un certain
» degré, n'est nullement commun. Le moindre fait qui
» s'offre à nos yeux est compliqué de tant d'autres faits
» qui le composent ou le modifient, qu'on ne peut sans
» une extrème adresse démèler tout ce qui y entre, ni
» même sans une sagacité extrème soupçonner tout ce
» qui peut y entrer.

» Il faut décomposer le fait dont il s'agit en d'autres qui
» ont eux-mèmes leur composition, et quelquefois, si l'on
» n'avait bien choisi sa route, on s'engagerait dans des
» labyrinthes d'où l'on ne sortirait pas. Les faits *primitifs*
» et *élémentaires* semblent nous avoir été cachés par la
» nature avec autant de soin que les causes ; et, quand
» on parvient à les voir, c'est un spectacle tout nouveau
» et entièrement imprévu..... » (FONTENELLE.)

« ...... Ce qui dans la nature est vraiment puissant,
» c'est l'ordre, la suite, la persévérance et une alterna-
« tion méthodique. Or, cette méthode, s'il faut un ju-
» gement peu commun pour l'enseigner et une rare cons-
» tance pour la suivre, toute cette peine et cette attention
» qu'elle exige, elle la compense abondamment par la gran-
» deur de ses effets..... (BACON.)

« ..... Tous les grands secrets de la nature sont hors
» des sentiers battus de la sphère de nos connaissances.....
» ..... C'est sur les tours et autres lieux élevés qu'on se

» place ordinairement pour découvrir au loin ; et il est
» impossible d'apercevoir les parties les plus reculées et
» les plus intimes d'une science particulière, tant qu'on
» reste au niveau de cette même science, et que l'on ne
» monte pas pour ainsi dire sur une science plus élevée,
» pour la considérer de là comme d'un beffroy........
» (BACON.) »

« ..... On l'a dit souvent, un boiteux qui est dans le
» vrai chemin, devance aisément un bon coureur qui est
» hors de la route ; à quoi l'on peut ajouter que, plus
» celui qui est hors de la route est léger à la course, et
» plus il s'égare..... » (BACON.) »

A ces citations que la brièveté de cet écrit ne nous
permet pas d'étendre, nous avons ajouté des considérations
dont celles qui suivent ne sont pas ici hors de propos.

« Ici se présente une réflexion : la méthode, si bien
» accompagnée qu'elle soit des meilleurs conseils, n'est
» évidemment qu'un instrument. Or, tout instrument
» n'est pas manié avec un égal succès par tout le monde :
» il peut l'être on ne peut mieux, mais il peut l'être on
» ne peut plus mal, même par des esprits très bien
» doués sous les autres rapports. Il ne suffit donc pas
» de la bien connaître pour être sûr qu'on l'emploiera
» bien, surtout que l'on réussira ; mais il suffit de cela
» pour l'être que l'on a un immense avantage sur ceux
» qui ne la connaissent pas. Toutefois, comme la re-
» cherche de la vérité est hérissée de difficultés, et que
» l'on ne peut trop s'attacher à se donner le plus de
» moyens possibles de les combattre, il est essentiel de
» se rappeler que le meilleur auxiliaire à appeler à son
» aide, le gage le plus sûr à offrir, c'est un long passé
» d'investigations et d'études appropriées, consciencieuses,

» suivies, persévérantes : c'est une situation propice et
» un ensemble de circonstances favorables qui l'aient
» constamment accompagnée, ainsi que des habitudes
» enracinées de sincérité, d'exactitude, de dévonement
» à la chose ; c'est en deux mots la spécialité et la ga-
» rantie morale. »

Les arguments à priori, les idées spéculatives ont pendant si longtemps été seuls employés dans la discussion
des questions d'entretien, et le sont si souvent encore, que
c'est déjà beaucoup sans doute que d'avoir reconnu la
grande supériorité de l'observation et de l'expérimentation ; mais si l'on ne pense pas à l'influence de la méthode, mais si l'on ne pense pas aussi qu'il y a observation et observation, expérimentation et expérimentation,
c'est encore peu de chose.

§ **25**. — Cherchons maintenant à attirer l'attention sur
quelques progrès d'un autre ordre. Nous en avons fait un
objet à part, parce qu'ils ont un caractère plus étendu et
moins spécial, et que nous ne pouvons en revendiquer
au même degré la compétence.

11° Un principe presque universellement admis aujourd'hui, et que nul praticien de quelque valeur ne
conteste, était ainsi formulé par Bichat : *Tout le secret
pour être supérieur en un genre, c'est de s'y livrer en négligeant les autres.* Ce principe, qui a engendré la division du
travail, et que l'on peut désigner sous le nom de *principe
des spécialités*, est devenu aujourd'hui aussi évident que la
lumière. Et comment en pourrait-il être autrement, quand
sur vingt esprits supérieurs, chacun en une faculté, on
aurait de la peine à en trouver un ou deux qui ne le doivent
à sa mise en pratique.

Dans les choix aux divers emplois qu'embrasse le corps des ponts et chaussées, l'administration qui le régit agissait depuis longtemps, en grande partie du moins, d'après ce principe. Presque toujours elle tâchait de placer à chaque poste un ingénieur qui eût pratiqué plus ou moins longtemps la branche de connaissances qui faisait la base de ce poste.

Or, si nous ne nous trompons, le grand mouvement qui a lieu depuis trois mois dans le personnel de ce corps semblerait faire présumer que cette administration veut essayer maintenant du principe contraire et faire des ingénieurs des hommes à toute main. Ainsi elle a placé à la tête d'un canal, et même d'un canal important, un ingénieur en chef qui de sa vie n'avait été attaché à cette sorte de voie; ainsi, plusieurs autres actes ayant avec celui-ci plus ou moins d'analogie, se sont également produits.

Nous n'osons dire ce que nous pensons de l'application de cette méthode à d'autres spécialités que la nôtre. Mais, en ce qui concerne celle-ci, nous ne saurions taire que ce serait une chose bien fâcheuse qu'elle fût adoptée définitivement. A nos yeux, plus on y fera grande la part du principe des spécialités, et plus on sera, toutes choses égales d'ailleurs, en progrès. A nos yeux, tout le secret pour être inférieur en un genre, c'est d'en embrasser un assez grand nombre. A nos yeux, une des principales qualités d'une bonne administration est de ne rien négliger dans les parties où ses agents sont faibles, soit pour y aider à la formation de spécialités, soit pour y tirer de celles qu'elle a le meilleur parti. Il est bien entendu que c'est toujours en thèse générale que nous parlons. Il y a, nous le savons, des hommes assez heureusement doués pour exceller dans plusieurs spécialités, mais ce sont de trop rares

exceptions pour qu'il soit bien vu de les prendre pour
guides.

§ 26. — 12° Il y a des personnes qui ont pour principe
que, dans chaque groupe de travailleurs, on peut avec
avantage n'employer qu'un très petit nombre de chefs et de
sous-chefs. Il y en a d'autres qui en ont un tout contraire,
et qui pensent qu'il y a bien moins d'inconvénients à en
avoir trop qu'à n'en avoir pas assez. Ceux-ci s'appuyent, et,
selon nous, avec grande raison, sur l'exemple de la création la mieux organisée qui existe au monde, celle des armées. Chez tous les peuples où l'art de la guerre est arrivé
à une grande perfection, le nombre des chefs et des sous-
chefs est, avec celui des simples soldats, dans une proportion considérable. Nous avons fait voir dans notre brochure
de novembre 1841 qu'en France il est d'au moins un pour
cinq, et, au dire de beaucoup, d'un sur trois, et cependant une grande partie d'entre eux est constamment placée
près de ceux-ci; ce qui facilite singulièrement la surveillance, l'exécution des règlements, la bonne tenue du service. Sur les routes, dont les soldats (les cantonniers)
sont presque toujours loin des chefs et des sous-chefs, combien ne serait-il pas plus utile, disons mieux, nécessaire,
que ce nombre fût plus fort encore! On n'a pas d'idée
de l'importance de ce fait, la dispersion des cantonniers,
leur éloignement des chefs et des sous-chefs. Or, il nous
semble que les tendances actuelles de l'administration sont
diamétralement opposées à ce principe. Citons-en un
exemple.

A un ingénieur en chef qui était chargé d'une naviga-
tion importante, branche de service qui forme surtout sa
spécialité, depuis au moins dix ans il n'a pas fait autre

chose, on vient de donner un service général qui comprend, entre autres occupations, la tenue de quatre cents lieues de route. Et il a pour collaborateurs dans cette tâche cinq ingénieurs. Or, veut-on savoir comment chez le peuple praticien par excellence, le peuple anglais, les choses de cet ordre se passent? Le voici. L'inspecteur Mac-Adam est chargé d'une longueur à peu près pareille, 382 lieues, mais il a pour collaborateurs cinquante-huit sous-inspecteurs. Il a de plus un traitement d'une centaine de mille francs, qui lui permet de faire une foule de dépenses qui sont interdites à notre confrère.

Nous qui avons passé notre vie à étudier et à pratiquer l'entretien des routes, nous dirons, dans l'intérêt de notre pays, le seul que nous devions considérer ici, que les quatre cents lieues dont il s'agit auront beaucoup à souffrir de cette manière de faire ; que le personnel à qui elles sont confiées, fût-il le génie, l'activité et la spécialité en personne, il ne pourra empêcher que, pour avoir voulu économiser un, l'état ne dépense et ne fasse dépenser à la circulation au moins trois ou quatre en sus de ce qui aurait été nécessaire si l'on eût pris pour guide le second principe.

S'acquitter d'une tâche n'est pas difficile, mais s'en bien acquitter c'est autre chose.

Nous croyons qu'il y aurait encore sur ce point un grand progrès à faire.

§ 27. — 13° Un principe généralement considéré comme inattaquable, surtout en Angleterre et en Allemagne, c'est qu'il y a presque toujours un grand avantage à conserver longtemps les mêmes hommes sur les mêmes services. On pense en agissant ainsi, et évidemment avec raison selon nous, qu'ils parviennent à le connaître et à le remplir beaucoup mieux. Dans le corps des ponts et chaussées on agit le plus souvent comme si c'était le principe contraire qui dût être suivi. Aussi Dieu sait comme l'entretien des routes s'en trouve.

Il est vrai qu'aux yeux d'un grand nombre d'ingénieurs cet entretien est une chose si facile que ce n'est pas la peine de faire avec lui tant de façons.

§ 28. — 14° La sécurité et l'agrément de position des personnes sont, nul ne l'ignore, la première surtout, quand on sait en tirer parti, un des éléments les plus sûrs du bon travail et des succès. Ils seraient donc un progrès important à introduire partout où ils laisseraient à désirer (1).

La manière d'administrer le personnel de deux corps dont la destination est très différente, doit-elle être la même pour tous deux ? Evidemment non. Evidemment, par exemple, celui des corps civils ne doit pas être traité de même que celui des corps militaires. Des distinctions nombreuses et essentielles doivent également être établies sous ce rapport entre différents corps civils.

Là où la science est à l'un des pôles, là surtout où, dans l'intérêt de la société, elle doit l'emporter de beaucoup sur son opposé, la force, le simple bon sens ne dit-il pas qu'il faut dans les règlements beaucoup plus de douceur et de bienveillance, dans leur application beaucoup plus d'indulgence et d'urbanité? Ne dit il pas que le pôle scientifique y doit jouer un rôle bien supérieur au pôle *brutal*, qu'on nous passe le mot? Les règles n'y doivent-elles pas aussi

(1) En Allemagne, aucun fonctionnaire n'est amovible. Même dans les états absolus, aucun ne peut être destitué qu'en vertu d'un jugement rendu par un tribunal, et sur des motifs définis par une loi. On peut le suspendre par des considérations administratives, mais sans lui retirer son traitement.

avoir, comme partout, des exceptions? Y traitera-t-on un fonctionnaire qui y aura rendu de brillants services, qui s'y sera distingué et dévoué d'une façon peu commune, comme celui qui n'y aura pas acquis à beaucoup près les mêmes titres aux récompenses et aux égards?

En matière d'autorité, deux principes, depuis des siècles, se partagent le monde : l'un, celui de la douceur et de l'indulgence : l'autre, celui de la sévérité et de la rigueur ; et, de même que tous les principes contraires, ils ont entre eux une longue série de termes intermédiaires. Bien que les proverbes, ces témoins de la sagesse des nations, disent que l'on prend plus de mouches avec du miel qu'avec du vinaigre, on convient généralement qu'il y a des branches de service, celle de la guerre par exemple, où c'est le second qui doit prévaloir. Mais on convient aussi, et non moins généralement, qu'il y en a où c'est le premier.

Lequel des deux doit dominer dans un corps qui, comme celui des ponts et chaussées, se compose, d'abord, d'hommes chez lesquels la culture habituelle des sciences et des autres travaux de l'intelligence tend constamment à élever, à anoblir l'âme ; ensuite, d'agents secondaires, qui s'aimantent à leur contact, qui, à part quelques exceptions, et où n'y en a-t-il pas? s'inspirent sans cesse aux idées de dévouement et d'abnégation dont sont nourris leurs chefs, qui enfin arrivent comme eux au terme de leur carrière sans avoir pu y trouver, malgré la plus sévère économie, la mince aisance à laquelle a droit partout l'union d'un labeur d'une trentaine d'années et des sacrifices préliminaires sans lesquels les études d'enfance et de jeunesse ne sont pas assez fortes pour permettre d'y entrer? Nous n'hésitons pas à le proclamer hautement, c'est le premier, et il doit y être à peine tempéré par le second. Dans notre

spécialité, où nous avons acquis la réputation d'ingénieur
sévère, nous avons à diverses reprises essayé de tous deux.
et nous avons constamment reconnu que le premier est de
beaucoup supérieur au second. Les agents que l'on traite
d'après celui-ci ne s'acquittent généralement de leurs devoirs, on a beau faire, que dans la rigueur du mot. Peu
satisfaits de leur sort, rarement ils apportent à l'exercice
de leurs fonctions, ce zèle, cette ardeur sans lesquels on
n'obtient jamais de grands résultats. Les envoyez-vous en
tournée ? Ils font, nous parlons des bons, ce que vous leur
avez ordonné, mais rien de plus. Ils doivent un certain
nombre d'heures de travail par jour, ils le donnent ; mais
demandez-leur davantage, ils ne vous l'accordent qu'à regret.
Combien de fois dans leurs tournées, au lieu d'être tout
entiers à leur métier, ils rêvent aux moyens de le quitter
pour un plus avantageux ! De ceux au contraire que l'on
traite avec bonté, douceur, dont on cherche à améliorer le
sort, on obtient tout ce que l'on veut (1). Nous nous sommes
laissé dire que c'est bien plus avec du sucre qu'avec la
chambrière que les habiles écuyers dressent leurs chevaux ;
nous nous sommes laissé dire que la France est peut-être,
de tous les pays civilisés, le seul où l'on brutalise les ani-
maux.

Dans la plupart des administrations, même en France,

(1) On a dit souvent, pendant que nous étions ingénieur ordinaire,
que si nous obtenions de nos agents le zèle et le dévouement remarquables
dont ils faisaient preuve, c'était moins parce que nous leur donnions
l'exemple que parce que dans nos tournées communes nous prenions à
notre compte leurs dépenses. C'est une erreur, car cet avantage se rédui-
sait à peu de chose ; ils se conduisaient ainsi, d'abord, parce qu'ils savaient
que c'était le seul moyen de se faire aimer de leur chef, et qu'ils étaient
assurés qu'il ne dépendrait pas de lui qu'ils n'en fussent récompensés ; ensuite, parce qu'ils étaient certains de trouver en lui encore plus de disposition à la bienveillance et à l'indulgence qu'à la sévérité.

mais à un bien plus haut degré en Allemagne, un sujet qui a gagné une position, est assuré, s'il ne démérite pas, et à bien plus forte raison s'il mérite mieux encore, de ne pas la voir amoindrir, de ne pas la perdre surtout, à moins que l'heure de la retraite n'ait sonné pour lui. Combien même n'en voit-on pas qui refusent de l'avancement pour la conserver, et que l'on se garde de contraindre à la quitter! Si ce que nous avons appris est exact, ces règles de simple équité seraient observées même dans les corps où la science et l'éducation n'occupent pas assez de place pour avoir contribué beaucoup à y appeler l'aménité des procédés et des actes.

Dans celui des ponts et chaussées, cette phalange scientifique si jamais il en fût, et où elles devraient l'être mieux que partout ailleurs, elles sont parfois violées, et même à un haut degré. Nous en avons vu dans le cours de notre carrière un certain nombre d'exemples. Et qu'eût-ce été si la haute influence d'un chef, au caractère non moins paternel qu'élevé, ne se fût souvent interposée? La raison en est toute simple : en cette matière, c'est la volonté du ministre qui décide de tout, et d'une manière entièrement arbitraire. Qu'il vienne à changer, et tout y peut être changé. S'il a pour la science beaucoup de considération, s'il est bon et doux, les choses se passeront d'une façon : si le point de vue scientifique ne le préoccupe que très secondairement, s'il est partisan du régime militaire, s'il est inflexible, elles se passeront d'une autre. Or, dans un temps où tout ministre a de nombreuses influences à contenter, combien n'est-il pas à craindre que celui qui est investi d'un tel pouvoir n'en abuse plus ou moins? Sa faillibilité s'accroît de toutes celles de ces influences.

Nous n'ignorons pas que tout ce que nous pouvons dire

sur ce sujet comme sur bien d'autres sera longtemps inutile. Ce n'est qu'à la longue que la goutte d'eau creuse la pierre. Mais il est bon que l'on sache combien, sous ce rapport, le corps des ponts et chaussées est plus mal partagé que les autres, lui qui devrait l'être l'un des mieux.

Les mesures prises récemment au sujet des conducteurs et des piqueurs, quelques-unes même au sujet d'ingénieurs, nous paraissent dictées par le second principe ; et les lettres que nous avons reçues de nos camarades sont tellement unanimes sur ce point, que nous doutons qu'il y ait beaucoup d'ingénieurs qui ne les aient envisagées ainsi et vues avec chagrin. En ce qui touche l'entretien des routes, nous sommes persuadé qu'il en souffrira.

Avec ce seul mot sagement compris et utilisé, *bienveillance*, on fait des miracles ; avec celui-ci, *sévérité*, on ne fait ordinairement que des mécontents.

L'essai que tente en ce moment l'administration sera-t-il heureux ? C'est ce que l'avenir apprendra. Pour nous, nous en doutons, et nous croyons qu'il y aurait un grand progrès à revenir aux idées paternelles.

IVme SECTION.

DE QUELLE UTILITÉ A ÉTÉ LE SERVICE D'EXPÉRIENCES SUR L'ENTRETIEN DES ROUTES ? DE QUELLE UTILITÉ AURAIT-IL PU ÊTRE ENCORE ?

> Les inventeurs en chaque science sont les plus dignes de louanges, parce qu'ils en ouvrent la carrière aux autres hommes.
>
> BERNARDIN DE SAINT-PIERRE.

> On a beau faire, la vérité s'échappe et pénètre les ténèbres qui l'environnent.
>
> MONTESQUIEU.

SOMMAIRE.

Les enquêtes et le langage de l'administration ont démontré que, sous le point de vue de l'intérêt local, le service d'expériences a été d'une utilité très grande. — Des faits d'une autre nature prouvent que, sous celui de l'intérêt général, il l'a été d'une plus grande encore, soit que l'on considère la funeste crise sur les subsistances qui a eu lieu il y a un an, soit que l'on considère les problèmes importants dont il a fourni la solution — S'il n'eût existé, la communication entre Lyon et Marseille aurait été interrompue lors de cette crise, et l'on n'a pas d'idée des conséquences désastreuses, des bouleversements peut-être qui s'en fussent suivis. — Initiation au système de l'auteur d'après les intentions de l'administration. — Propagation de ce système. — Exemple remarquable du peu d'accord des idées des ingénieurs en fait d'entretien de routes. — Erreur de la croyance que le système des emplois partiels n'était pas applicable au midi de la France. — Erreur de celle qu'une grande fréquentation pouvait nécessiter en rase campagne le remplacement des empierrements par des pavages. — Économie considérable que l'on peut obtenir annuellement sur l'emmétrage. — Grande supériorité de la méthode du cassage par les cantonniers — Étendue des heureux résultats qu'aurait eus inévitablement la continuation du service d'expériences, ainsi que l'avait jusqu'à ces derniers temps prévu l'administration.

§ 29. — Les enquêtes que nous avons adressées à l'administration ont prouvé de la manière la plus évidente que les populations riveraines des routes affectées au service d'expériences, et les industries qui se servent de ces voies, ont été on ne peut plus satisfaites des grandes améliorations qui y ont été obtenues. Or, cela seul déjà suffirait, surtout si l'on se rappelle l'état affreux dans lequel était la plus grande partie de l'étendue de ces routes, pour permettre d'assurer qu'il a été d'une très grande utilité. D'ailleurs le langage de l'administration (voir la 1re section) ne saurait laisser de doute à cet égard. Ajoutons en passant que celui que M. le préfet des Bouches-du-Rhône avait tenu au conseil général de ce département, dès les premières années de notre mission, était déjà d'un bon augure. Le voici : « Pour la première fois depuis que Dieu a fait la Pro- » vence, on circule, sans crainte de se rompre le cou, sur » la route de Lyon à Marseille. »

Ainsi donc, sous le point de vue de l'intérêt local, le grand bien que ce service a produit est frappant. Mais il ne l'est pas moins sous celui de l'intérêt général, soit que l'on considère les résultats si heureux qu'il a obtenus lors de la crise qui a eu lieu, il y a un an, sur les subsistances, soit que l'on considère ceux qu'il a eus sous le rapport de l'art et de la science.

En ce qui touche cette crise, on a fait voir toute l'importance de ces résultats dans un travail spécial que l'on a adressé à l'administration, relativement aux enseignements qu'elle a révélés. Il est hors de doute que, sans l'unité de direction, la spécialité de son chef et la possibilité qu'il a eue d'envoyer tantôt ici, tantôt là, et en les prenant sur d'autres départements que ceux en souffrance, ses agents les plus habiles, possibilité qui n'existait qu'avec un service comme le sien, il est, disons-nous, hors de doute que la communication par terre entre Lyon et Marseille aurait été interrompue plus ou moins longtemps. Or, nul ne conteste que de grandes calamités ne s'en fussent suivies.

En ce qui concerne le bien qu'il a fait sous le rapport de l'art et de la science, il peut se résumer en un certain nombre de points, dont voici les principaux.

§ 30. —L'administration avait en vue dès l'origine, et elle nous l'avait fortement recommandée, l'initiation à notre système et à nos méthodes des ingénieurs d'arrondissement qu'elle plaçait sous nos ordres. Nous avons réussi dans cette tâche avec presque tous, et les deux plus anciens, l'un d'eux surtout, qui ne peuvent tarder longtemps à passer ingénieurs en chef, car ce sont des hommes fort distingués, pourront être d'une utilité toute spéciale dans le cas où cette administration viendrait un jour à reconnaître de nouveau combien, surtout en matière d'entretien de routes, il est essentiel d'utiliser, pour leur faire faire la boule de neige, l'expérience et les idées justes des ingénieurs qui ont fait leurs preuves. Mais ce ne sont pas les plus anciens seuls que nous pussions citer avec beaucoup d'éloges ; d'autres aussi, et même de fort jeunes, ont montré une aptitude remarquable (1), et ont acquis beaucoup dans ce service.

---

(1) On se tromperait fort si l'on croyait que l'entretien des routes fait exception à la règle qui reconnait dans les aptitudes une grande diversité. Nous avons connu des ingénieurs presque entièrement privés de celle relative à cet art.

§ 31. — Un autre point encore que l'administration avait en vue, et dès l'origine aussi, c'était la propagation de ce système et de ses méthodes dans les services ordinaires des départements traversés ou voisins. Dans plusieurs de ces départements, dirigés par des ingénieurs d'un mérite supérieur, on les a adoptés en entier ou à peu près. Dans d'autres, on l'a fait en partie; dans deux on en a repoussé les idées-mères, que l'on n'y a probablement pas comprises (1).

§ 32. — Mais, puisque nous en sommes sur ce point, donnons une idée de l'harmonie qui, sur cette matière, existe entre les opinions des différents ingénieurs, et cela, bien entendu, sans contester les talents et le savoir d'aucun.

Dans l'un de ces deux départements, l'administration jugea convenable, il y a un an, en raison des grandes difficultés qu'y présentait l'entretien de la route affectée au service spécial, d'y augmenter fortement la surveillance journalière. Elle y envoya en conséquence deux des praticiens les plus exercés et les plus capables que possède le corps. Ce sont de ces hommes qu'un ingénieur qui a quelques notions saines sur notre système et qui aime ses routes, se croit trop heureux d'avoir et serait désolé de perdre. Or, à peine la suppression de ce service venait-elle d'être prononcée, que l'un d'eux, le plus habile de beaucoup, nous suppliait de lui venir en aide, par suite de ce que l'ingénieur d'arrondissement lui avait annoncé que l'ingénieur en chef, n'approuvant pas ce système, n'é-

____

(1) C'est là, bien qu'en miniature, un échantillon de l'unité de principes qui, en fait d'entretien de routes, règne dans le corps. Chacun, sous ce rapport, y agit à sa guise.

tait pas dans l'intention de le conserver. Et, quelques
jours après, le second en faisait autant.

Dans l'autre département, les agents du même service
n'ont pas été mieux traités.

Sur tous deux, sur celui-ci surtout (1), les emplois par
masses ont suivi presque immédiatement, et cela à un
point si prononcé, que des personnes qui ignoraient que
nous n'eussions plus rien à y voir, nous ont prié de leur
dire si nous avions changé de principes.

A peu près à la même époque, un de nos collaborateurs d'un autre département, nous écrivant pour nous demander si nous ne pourrions pas céder à un de ses camarades qui le lui demandait, un sujet capable, ajoutait :

« Comme je tiens beaucoup à conserver et le système et
» le personnel du service spécial, je ne puis rien céder à
» mon camarade X. Mes collègues ont sans aucun doute à ce
» sujet les mêmes idées que moi, je pense donc que M. X.
» sera obligé de chercher hors du service spécial le sur-
» veillant dont il a besoin. »

Bref, sur quinze arrondissements que traversait cet éta-
blissement, il y en a trois, peut-être quatre, qui dès sa
suppression ont rompu avec les principes et les méthodes
qu'il avait eus pour mission d'y introduire.

Est-ce du fait des ingénieurs en chef? L'est-ce de celui
des ingénieurs ordinaires ? L'est-ce de celui de tous deux?

(1) Dès le commencement de la mauvaise saison, nous avons vu sur une
des routes de ce département des emplois par masses si étendus, que le roulage s'était jeté sur les accotements, et y avait déjà creusé de profondes
ornières.

Il est pour nous évident que, dans cette circonscription, on comprend
l'entretien bien autrement que nous, car tous les ans nous y avons vu
faire des choses que nous aurions fortement désapprouvées, et entre autres
beaucoup de ces emplois.

Ne l'est-ce de celui d'aucun ? Est-ce un bien ? Est-ce un mal ? C'est ce dont nous n'avons pas à nous occuper. L'enseignement est déjà par lui-même assez riche sans qu'il soit utile d'y rien ajouter.

Quelles touchantes harmonie et unité d'opinions ! Quelle organisation modèle ! Un ingénieur a mission de propager un système, d'initier le mieux qu'il pourra ses confrères aux principes et aux méthodes qui le constituent, et, à peine ses fonctions cessent, que, sur quelques points, on n'a rien de plus pressé que de se débarrasser des agents qui les comprennent le mieux et les pratiquent depuis de longues années !

Ce n'est pas, bien s'en faut, pour désapprouver des personnes que nous avons exposé ce fait ; nous aurions voulu pouvoir le taire ; c'est pour une chose bien autrement sérieuse, c'est pour donner une idée de l'absence générale d'organisation de l'entretien, et de la facilité avec laquelle on peut se jouer de choses qui n'y devraient pas être exposées.

Reprenons le fil de notre exposition.

§ 33. — Une question qui était importante à résoudre est celle-ci :

Les ingénieurs de la plus grande partie de la route de Lyon à Marseille avaient soutenu constamment, et parmi eux il y en a, du moins dans le premier des deux départements dont il vient d'être question, qui soutiennent encore que les pluies ne sont pas assez fréquentes dans le midi pour que la méthode des emplois partiels y soit applicable, que celle des répandages généraux y était par conséquent indispensable. Or, ce service a prouvé péremptoirement que c'est là une erreur palpable.

Sans doute l'usage du premier procédé y demande, de la part des ingénieurs et des surveillants, beaucoup plus d'habileté que dans le nord, mais c'est là tout. Il est vrai qu'aux yeux de certains ingénieurs cela suffit pour le faire proscrire.

Le grand défaut du système des emplois partiels, c'est qu'il exige, surtout pendant toute la mauvaise saison, que les ingénieurs et les surveillants donnent constamment à l'entretien une grande attention. Mais aussi quels excellents résultats ne produit-il pas! Du reste, parmi les choses exposées presque à chaque instant à de fortes dégradations, quelle est donc celle qui n'ait pas considérablement à gagner à cette grande attention? Et puis, quel est le métier, l'art, la science, qui ne réclame d'autant plus de soins et d'habileté qu'il se perfectionne davantage? Néanmoins ce défaut sera pendant bien des années encore, aux yeux de nombre d'ingénieurs et de surveillants, une cause de répulsion.

§ 34. — Autre question non moins importante.

Sur une grande étendue de la même route on pensait que jamais cette voie ne pourrait être maintenue en bon état tant qu'elle ne serait pas pavée, et, par suite de ce principe, d'assez grandes longueurs avaient déjà été amenées à cet état. Mais on sait que ce mode de chaussée est d'une construction excessivement coûteuse, et de plus très fatigant pour le roulage dont il use rapidement les chevaux et les voitures. Il était donc très intéressant de savoir, surtout pour une communication qui se trouvait sous des climats assez divers, si cette opinion n'était pas erronée. Or, d'un bout du service à l'autre l'expérience a prononcé. Aussi l'en y a déjà remis en empierrement une grande partie des pavages, et bientôt il n'y en restera plus, du moins en rase campagne.

§ 35. — Autre question.

Il résulte des publications annuelles de l'administration que le nombre de mètres cubes de pierres approvisionné chaque année sur les routes royales seules, est d'un peu plus de deux millions. Or, l'emmétrage de chacun coûtant moyennement environ 0 fr. 15 c., il en résulte que ce travail équivaut pour ces routes à une rente de trois cent mille francs. Mais, depuis nombre d'années, nous avons indiqué dans nos écrits et dans nos rapports un moyen très simple d'économiser plus des neuf dixièmes de cette somme, moyen qui a d'ailleurs d'autres avantages essentiels. Cependant, malgré tout ce que nous avions pu dire et faire, nous étions presque les seuls à en faire usage. C'était donc une bonne chose que de prouver, et cela pendant un assez grand nombre d'années, et cela sur une grande longueur de routes, que nulle part l'adoption n'en pouvait présenter de difficultés. C'est ce qu'a fait le service qui nous occupe.

§ 36. — Autre question.

Depuis dix-neuf ans nous ne cessons d'annoncer que le cassage de la pierre par les cantonniers est une méthode des plus avantageuses sous presque tous les rapports; qu'il est beaucoup plus économique que celui par les entrepreneurs, et, ce qui peut paraître extraordinaire, mais ne l'est pas pour qui connaît bien la matière, qu'il l'est même plus que celui par des tâcherons; qu'il donne le moyen d'utiliser une foule de moments perdus, et de tirer de beaucoup d'autres un bien meilleur parti; qu'il est pour l'entretien un véritable volant, et seul permet d'exécuter tous les travaux avec opportunité ; enfin , qu'exigeant la réception de la pierre à l'état brut, il permet de s'assurer bien mieux de la qualité de cette pierre.

La grande supériorité de cette méthode se révèle d'une manière si évidente, pour peu que l'on sache s'en servir, qu'il est douteux pour nous que , parmi tous les ingénieurs que nous avons eus pour collaborateurs , il y en ait un seul qui n'ait fini par en être convaincu , et que le cas qui en a été fait par chacun a été constamment en croissant , au fur et à mesure que son degré de spécialité croissait.

Le long usage que le service d'expériences a fait de cette méthode, tout en lui adjoignant concurremment , tous les ans, dans une certaine proportion , celle des tàcherons, a permis à qui l'a voulu de constater cette supériorité de manière à ne pouvoir conserver à son sujet la moindre incertitude.

§ 37. — Nous aurions encore à signaler un certain nombre d'utilités produites ou de problèmes résolus par la création qui nous occupe. Mais il faut savoir se borner. Passons aux autres services qu'elle aurait pu rendre, si elle eût été conservée.

Bien que nous nous croyions beaucoup plus spécial sur cette matière qu'aucun de nos collaborateurs , nous confessons en toute humilité , ainsi d'ailleurs que cela nous est déjà arrivé bien des fois , que nous y sommes encore d'une grande ignorance ; que , même aujourd'hui , nous serions embarrassé dans nombre de circonstances ; que , quoique nous ayons trouvé l'énoncé de beaucoup de problèmes à résoudre , il y en a beaucoup encore pour lesquels nous ne faisions qu'être sur la voie , certains même pour lesquels nous n'y étions pas et qui nous rappellent ce que nous avons dit précédemment, que, dans bien des occasions, on ne sait quoi observer, sur quoi expérimenter, bien que l'on sente instinctivement qu'il y a à observer, à expérimenter.

Pour la solution de ceux de ces problèmes dont nous n'avons que les énoncés, dont nous n'avons pu encore venir à bout, nous avions depuis quelques années beaucoup d'expérimentations en chantier ; nous en avions bien d'autres en projet. Mais, dans une foule de cas, et surtout dans les plus difficiles, il faut, pour arriver à quelque chose de satisfaisant, recueillir tant de faits dont certains ne sont donnés qu'une fois par an ; il faut contrôler, vérifier, recommencer, modifier si souvent, que l'on ne saurait croire combien, dans cette branche de connaissances, il faudrait d'années pour parvenir à la solution de tous les problèmes importants. Que d'observations ou d'expériences d'ailleurs ne sont faisables ou valables que dans telle ou telle saison, à telle ou telle époque ! Dans un laboratoire de chimie, dans un cabinet de physique, où l'on est maître d'une foule de conditions et d'éléments, il y a cependant bien des questions que l'on ne parvient à résoudre qu'au bout d'un temps plus ou moins long, beaucoup même sur lesquelles on échoue, quelque temps que l'on y consacre. Or, sur les routes, où l'on n'est presque maître de rien, où la science en est encore à épeler, à se créer des mots, où souvent on est forcé d'employer des aides, dont plus d'un ne saurait inspirer une confiance entière, où bien des champs d'explorations et d'essais sont situés, et certains même doivent être situés à de grandes distances de l'investigateur, n'est-il pas évident que, pour un grand nombre de problèmes, il n'y a que le temps, la durée, et même beaucoup de temps, beaucoup de durée, qui puisse offrir des chances de succès ? D'ailleurs, s'il en était autrement, combien n'y au-

rait-il pas d'ingénieurs qui auraient résolu de ces problèmes !

Sous ce point de vue donc, et il est des plus vastes, car
il embrasse toute une branche de connaissances qui sort à
peine de l'œuf, c'est une chose bien fâcheuse que la suppression du service d'expériences, mais ce l'est encore sous
un autre et qui est loin d'être sans importance.

§ 38. — Penserait-on que ce ne fût pas un grand bien
pour les progrès de l'entretien que ces relations constantes
d'un ingénieur beaucoup plus expérimenté avec d'autres qui
le sont moins? Un de ceux de ce service qui ont le mieux
compris nos méthodes, nous écrivait il y a trois mois :
« Nous perdons en vous un professeur que nous ne rempla-
» cerons pas (viennent ici des choses affectueuses) ; per-
» mettez-moi de dire bien haut que si je sais aujourd'hui
» un peu de la science, *si simple en apparence, si délicate*
» *en réalité*, de l'entretien des routes, c'est à vous seul
» que je le dois ; permettez-moi d'espérer que vos bons
» conseils, dont j'aurai quelquefois besoin, ne me man-
» queront pas quand je viendrai vous les demander. »
Penserait-on que l'unité de direction, et par suite aussi
celle d'enseignements, de principes et de procédés, fût, surtout pour une grande ligne, une chose de peu de valeur ?
Penserait-on qu'il soit bien certain que, parmi les déplo-
rables pratiques qui étaient suivies autrefois sur la plus
grande partie de cette ligne, il n'y en aura pas qui renaî-
tront sur quelques points? Ce que l'on a vu au § **32** n'est-il
pas déjà une réponse à cette question?

Quelques-uns de nos subordonnés avaient une telle ten-
dance à modifier, parfois même à ne pas exécuter, et cela
pourtant en des points capitaux, nos instructions, que nous

ne parvenions qu'avec beaucoup de peine à les y contraindre. Penserait-on que maintenant qu'ils ne sentiront plus la
main de celui qui avait non seulement la spécialité de la
matière, mais encore la connaissance plus ancienne de toutes
les choses de leur service, ils seront moins disposés à s'en
écarter?

Au surplus, la plupart de nos collaborateurs, les plus
anciens et les plus expérimentés surtout, envisagent les
choses à peu près du même œil que nous. On vient de voir
ce qu'en pense l'un d'eux : il ne sera pas inutile de faire
connaître l'avis des deux plus anciens ; ce sont en même
temps les deux plus expérimentés. Pas besoin sans doute
n'est de dire que, dans l'origine, ils étaient peu partisans
du système, et qu'ils ne le sont devenus que par la pratique.

« La décision du 6 novembre courant, relative à la sup-
» pression du service spécial, nous a écrit l'un d'eux, m'a
» causé une surprise que je ne saurais vous exprimer. En
» remarquant *qu'il y a encore tant d'expériences difficiles à*
» *faire, tant de questions délicates à résoudre*, j'avais d'a-
» bord pensé que vous réclameriez contre cette décision et
» la feriez rapporter. Votre lettre du 13, lue attentive-
» ment, m'a fait comprendre que je m'étais trompé et que
» vous n'avez pas l'intention de réclamer.

» Permettez-moi, Monsieur l'ingénieur en chef, de
» vous exprimer tout le regret que j'éprouve de voir rom-
» pre nos relations officielles, et de vous dire combien je
» suis reconnaissant de la bienveillance que vous n'avez
» cessé de me témoigner depuis un grand nombre d'années.
» . . . .

» Je conserverai toujours un bon souvenir de nos lon-
» gues années de collaboration : j'espère que vous serez assez
» bon pour ne pas me retirer votre bienveillance et pour

» me permettre de venir quelquefois vous demander votre
» avis et vos conseils sur les questions qui pourront m'em-
» barrasser, principalement dans le service d'entretien,
» *dont chaque jour je comprends mieux et les difficultés et*
» *l'importance.* »

Le second, celui de tous nos camarades qui a, sur les questions d'entretien de routes, les idées les plus saines, nous a écrit, entre autres choses, ce qui suit:

« Je retrouverai là (il changeait d'arrondissement) les
» traces du service spécial, je m'attacherai à empêcher
» qu'elles ne s'effacent. Il nous appartient à nous qui avons
» suivi votre bannière, d'être les apôtres de la doctrine. »

Il y a, si nous connaissons bien les ingénieurs que nous avions pour collaborateurs, une assez grande conformité d'opinions entre la plupart, les plus expérimentés surtout, et nous, sur l'importance et la difficulté du grand nombre de problèmes qui restent à résoudre, le plus souvent même à poser. Est-ce là, ainsi que la disposition que la plupart nous ont manifestée de recourir encore à notre vieille expérience, un indice que le service spécial n'était plus utile, même très utile? Il semble permis d'en douter.

Vme SECTION.

LA SUPPRESSION QUI VIENT D'ÊTRE FAITE DE CE SERVICE OFFRE-
T-ELLE MATIÈRE A DES CONSIDÉRATIONS QUI JETTENT QUELQUE
JOUR SUR L'ÉTAT DE CHOSES QUE CETTE BROCHURE A POUR OBJET?

> Si je faisais une religion , je mettrais l'intolérance
> au rang des sept péchés mortels.
>
> VOLTAIRE.

> Je veux que toutes les opinions se tassent pour
> c'est de leur choc que naît la lumière.
>
> *Un Sous-Secrétaire d'État des*
> *Travaux publics.*

SOMMAIRE.

L'objet du service d'expériences était l'application d'un système , l'expérimentation en grand de ce système. — Il concernait une chose trouvée, non des
choses à trouver. — L'auteur de ce système, en consacrant ses loisirs , ses
veilles et souvent sa bourse à d'autres recherches , n'a-t-il pas fait un acte ,
un ensemble d'actes qui lui donnait à la bienveillance des droits hors de ligne? — L'administration , en en considérant les résultats comme lui apparte-
nant à elle, sans le traiter beaucoup mieux que ses confrères , a-t-elle fait
une chose bien équitable, bien encourageante? — A l'époque où nous vivons,
la convenance, bien mieux la nécessité , d'un grand nombre d'expérimentations est universellement reconnue, même dans les branches de connaissances
les plus avancées ; à combien plus forte raison cette convenance et cette nécessité ne sont-elles pas plus impérieuses dans une de celles qui sont le plus
arriérées ! — La manière de voir que l'administration avait antérieurement

sur ce sujet n'était-elle pas plus sage que celle qu'elle semble avoir aujourd'hui ? — Arguments sans réplique que l'on aurait pu opposer à ceux qui ont sollicité la suppression du service d'expériences. — Difficulté de tirer d'essais incomplets ou inachevés, des enseignements, et surtout des instructions.

§ 39. — On a vu dans la section précédente combien, sous le rapport du métier, de l'art et de la science, la suppression du service d'expériences est fâcheuse. Ce n'est donc plus, généralement du moins, sous ce point de vue que nous avons à l'envisager ici. C'est sous celui des tendances nouvelles qu'elle semblerait présager dans la marche de l'administration.

Mais d'abord précisons, car c'est un point capital, dans quel but ce service a été créé.

En voici l'indication précise, indication qu'aucune décision ultérieure n'est venue changer ni même modifier.

« Monsieur, conformément à l'avis unanime du conseil
» des ponts et chaussées, et sur ma proposition, **M.** le
» Ministre du commerce et des travaux publics a décidé,
» le **27** du mois dernier (le **27** mars **1833**), que le
» nouveau mode d'entretien dont vous avez fait une heu-
» reuse application aux routes de votre arrondissement,
» serait l'objet d'une grande expérience. »

Maintenant en quoi consistait ce mode que, dans d'autres missives, l'administration désignait, et à bon droit, par ces mots : vos procédés d'entretien, votre système ? Il consistait, on le sait, et tous les écrits en font foi, dans ce que l'on nomme par abréviation le système de l'entretien par emplois partiels, ou du point à temps, par opposition avec celui de l'entretien par emplois généraux, à peu près universellement suivi auparavant (1). C'était

Nous disons à *peu près*, parce qu'il y avait des routes où il était impossible qu'il le fût. Celles de ces voies, en effet, qui étaient très peu fad'ailleurs une *application*, c'est-à-dire la mise en œuvre, l'emploi d'une chose trouvée. Rien ne faisait supposer qu'il pût y être question de nouvelles investigations.

Mais l'ingénieur qui déjà avait eu l'idée de ce système, était un individu qui, par suite d'une malheureuse organisation, ne peut s'empêcher de se livrer aux recherches ; qui ne craignait pas d'y affecter ses propres deniers ; qui, au lieu de se borner, comme l'immense majorité de ses confrères, à travailler une huitaine d'heures par jour, en travaillait 12, souvent 15 et plus ; qui négligeait, et cela jusqu'à un point difficile à croire, ses propres affaires, ses intérêts personnels, ses relations de société et même de famille, de ménage, pour se vouer presque exclusivement à sa mission de devoir et à sa mission d'entraînement.

Il remplissait donc deux rôles distincts, et jusqu'à ces derniers temps l'administration ne s'y était pas trompée ; car, ainsi qu'on l'a vu dans la première section, elle ne lui parlait pas seulement *des heureuses applications de son sys-tème*, mais encore de *ses études persévérantes*, *de la voie qu'il* s'était tracée.

Ici donc se présente une question qui, avant la dé-cision qui nous occupe, n'en avait jamais fait une pour lui, c'est celle de savoir si tout ce qu'a fait un ingénieur, tout ce qu'il a trouvé dans ses loisirs, et en grande partie à ses dépens, par cela seul que cela est de sa spécialité, appartient de droit à son administration. Avant que cette décision l'eût tranchée affirmativement, nous aurions cru plus conforme aux lois de l'équité la manière de voir que

figures, ne recevant de matériaux qu'un mètre par exemple tous les 20, 30 ou 40 mètres courants, il eût été par trop absurde d'y faire des répan-dages généraux pour que ce mode y fût suivi semblait faire présager le langage antérieur de l'administration.

Aussi faisons-nous maintenant les réflexions suivantes : les enquêtes ont fait foi que l'ingénieur dont il s'agit s'est acquitté et bien acquitté de la mission qui lui avait été confiée, celle d'appliquer son système. La notoriété publique, de son côté, établit que les fatigues qui en sont résultées pour lui avaient tellement délabré sa santé, que les plus habiles médecins disaient qu'elle ne se rétablirait jamais. Rien donc dans tout ce qu'il a fait, soit comme créateur de ce système, soit comme son applicateur heureux, qui ne fût dans le cas de plaire à cette administration et de la disposer d'une façon toute particulière en sa faveur, de lui ôter par conséquent l'idée de jamais prendre à son sujet une mesure qui pût être pour lui la cause d'un profond déplaisir (1), et lui créer une position beaucoup moins satisfaisante que celle qu'il avait conquise; car enfin doter son pays de procédés et de méthodes très satisfaisants et applicables à toute sa surface, voire même aux autres pays, vaut quelque chose de mieux, ce semble, que de remplir, si bien qu'on le fasse, sa tâche, sans rien inventer. Cela donc lui suffisait pour atteindre ce but; et, au lieu de consacrer tant de loisirs et de veilles à d'autres travaux, cependant fort utiles, il eût beaucoup mieux fait de s'occuper de ses propres affaires ou de recherches étrangères

(1) Son ambition était, on l'a vu dans ses écrits, d'arracher à la science de l'entretien des routes le voile dont elle se couvre, tout au moins de la tirer de l'anarchie dans laquelle elle est plongée ; c'était le rêve de sa vie. Aussi, la vivacité du chagrin que lui a causé la suppression du service d'expériences ne pourra-t-elle être comprise que par bien peu de monde. Il se croyait d'ailleurs de tels droits à la bienveillance de l'administration, et surtout pour la continuation d'une tâche aussi louable, que c'a été pour lui un véritable coup de foudre.

à sa spécialité et même à son art, au pis aller de se distraire ou de se croiser les bras. Que lui sert, par exemple, d'avoir, dans de nombreuses brochures, plus ou moins coûteuses d'ailleurs, porté la lumière sur des problèmes fort intéressants ; d'avoir, en répandant à profusion ces brochures, initié aux questions de routes beaucoup de personnes éclairées ; d'avoir publié un manuel du cantonnier, qui, s'il en croit des esprits tout à fait désintéressés, rend de grands services ; d'être parvenu à trouver, en y travaillant des années, un appareil qui, dans les questions les plus essentielles de l'entretien, est à même de jouer un rôle analogue à celui que le thermomètre et le baromètre jouent en physique ; d'avoir enfin commencé à réunir les éléments nécessaires à la solution de propositions très importantes, mais qui malheureusement n'y gagneront rien, attendu que ces éléments, pour être complets, eussent exigé encore les uns deux ou trois ans, les autres cinq et six, ou plus ?

§ 40. — Est-ce bien de nos jours d'ailleurs que l'utilité d'un champ, d'un système d'expérimentations, surtout déjà créés et organisés, peut être mise en doute ; de nos jours où, plus qu'à aucune autre époque, on reconnaît, même dans les branches de connaissances les plus avancées, la convenance, disons plus vrai, la nécessité des expérimentations, d'un grand nombre d'expérimentations ? Jusqu'à ces derniers temps l'administration avait constamment reconnu la grande utilité de cette création, et cependant elle avait rencontré bien plus de personnes encore qu'aujourd'hui à qui elle déplaisait ; d'ailleurs, quelle institution, surtout peu ancienne, est à l'abri de mécontentements, de déplaisirs ?

Nous ne savons ce qu'elle répondait à celles qui lui en

demandaient la suppression. Mais voici ce que nous, homme du métier, et qui croyons la connaître mieux que qui que ce soit, nous leur aurions répondu :

C'est un fait patent que les ingénieurs mêmes qui se sont le plus occupés de l'entretien des routes sont dans leurs écrits d'un grand mésaccord, jusque sur les points fondamentaux de cet art, que par conséquent il est impossible que dans la pratique ils ne le soient pas aussi. Or, connaissez-vous, pour arriver à faire cesser ce mésaccord, tant théorique que pratique, et si évidemment très contraire à l'intérêt général, un meilleur moyen que celui de charger d'expérimenter l'ingénieur de tout le corps qui est à beaucoup près le plus familier avec cette matière?

L'état profondément arriéré de l'entretien est non seulement attesté par ce mésaccord, mais encore par l'aveu que font les ingénieurs précités que cet art ne fait que de naître, mais encore et surtout par ce fait à vous bien connu, que la masse des répandages généraux, cette lèpre des routes, est encore si grande, que tous les ans elle exige de l'administration des postes l'énorme indemnité de deux millions à ses relayeurs, et du commerce une dépense en surcroît de frais beaucoup plus considérable encore. Or, connaissez-vous un meilleur moyen de faire franchir à cet art cette période d'enfance, que de confier audit ingénieur un champ d'essai assez étendu pour que tous les éléments des questions à résoudre, le climat entre autres, puissent être pris par lui simultanément ou séparément en considération?

Pour peu que vous sachiez ce qui, dans la mauvaise saison surtout, se passe sur les routes, et que vous ayez des notions saines sur l'entretien de ces voies, vous ne pouvez ignorer que, dans une foule de localités, il s'y commet journellement nombre de fautes, dont certaines très graves, dont même les plus fortes en contradiction formelle avec les instructions. Or, n'est-il pas évident que l'existence d'une grande ligne, d'un grand service, où ces fautes sont infiniment moindres, où celles graves ne se voient presque jamais, ne soit un spectacle, un exemple fort utile ?

Chaque fois que l'ingénieur qui dirige les travaux de cette ligne résout des problèmes, lève des difficultés, on dit toujours : nous savions cela, c'était tout simple. Or, il a présenté des énoncés de questions d'un haut intérêt ; si vous en savez la solution, faites-la connaître ; si vous ne la savez pas ou ne pouvez la trouver, si vous n'êtes même pas en mesure de la chercher, de l'étudier, convenez que ce n'est pas à vous au moins qu'il appartient de fronder, d'attaquer surtout l'existence de ce service.

Mais à qui nie la lumière prouve-t-on son existence? On ne peut que dire avec l'Ecclésiaste : Il n'est pire aveugle que celui qui ne veut pas voir, pire sourd que celui qui ne veut pas entendre.

§ 41. — Chargé aujourd'hui *de résumer, sous forme d'instructions, les résultats de ses expériences,* les efforts de cet ingénieur ne feront pas plus faute à cette nouvelle mission qu'ils ne l'ont fait à ses devancières. Mais cette fois seront-ils couronnés du succès? C'est une question dont on va comprendre la convenance.

Aisément on se représente un chimiste, un physicien, se livrant à des recherches compliquées et de longue haleine ; et, quoique la chimie et la physique soient des sciences formées, bien organisées, en pleine voie de développement, puisque chacune a en abondance des instruments et des appareils plus ou moins exacts et parfaits, des méthodes et des procédés dignes de ces instruments, un idiôme en rapport avec cet état de choses, des ouvriers habiles et des ateliers nombreux tout prêts à aller au-devant de leurs désirs, aisément aussi l'on comprend combien l'un et l'autre seraient embarrassés s'ils étaient chargés, surtout *ex-abrupto*, et sans avoir pu s'y préparer d'avance, de rédiger le résultat de leurs expériences, et encore de le rédiger sous telle ou telle forme, par exemple sous celle d'instructions. L'on devine sans peine que presque toujours ils seraient forcés de répondre : Mais ces résultats, je ne les connais pas, je n'en ai pas encore d'idée, j'ignore même s'ils seront positifs ou négatifs ; bien mieux, si, dans le cas où ils seraient positifs, leur nature se prêtera à ce que je les présente sous la forme d'instructions. *Des instructions !* mais s'ils consistent, comme il arrive si souvent, dans la démonstration d'une erreur ou dans la mise au jour d'une vérité qui n'offre, du moins pour le moment, matière à aucune application, quelle instruction pourrai-je en tirer ? Je suis dans l'obscurité, je cherche, je tâtonne ; j'essaie d'un moyen, puis d'un autre ; je crois être enfin dans une bonne voie, j'y ai même déjà fait beaucoup de chemin, mais c'est là tout. Veuillez prendre comme moi patience, et surtout ne pas me priver du calme et de la sécurité qu'exige toute investigation longue et difficile.

Passe-t-on de ces domaines si bien cultivés de la physique et de la chimie dans celui de l'entretien des routes, c'est un autre monde. On n'y trouve plus de trace d'instruments, d'appareils, de méthodes, de procédés, d'idiôme plus ou moins avancés, d'ouvriers, d'ateliers habiles. Tout, mais tout absolument, y est à créer, même la croyance à la possibilité que toutes ces choses y puissent exister un jour. Aussi chacun de l'abandonner à son malheureux sort. Un hardi pionnier s'y présente il y a quinze ans : à l'unanimité on l'accueille, on lui donne des missions réputées inexécutables, il s'en tire avec bonheur ; pas de difficultés que son labeur et son dévouement ne surmontent ; il avance, il avance toujours, et toujours rend compte de temps à autre de ce qu'il a fait. En vain cette espèce d'ennemis qui s'attache à tous les succès, à toutes les grandes améliorations, ne l'a pas perdu de vue un instant, le guette, le poursuit sans relâche ; il a cessé d'y faire attention, il n'a plus d'yeux que pour sa tâche. Et c'est à un expérimentateur placé dans des conditions si désavantageuses, si difficiles, à un expérimentateur qui d'ailleurs a toujours tenu l'administration au courant de tout ce qu'il faisait, que s'adresse une nature de demande à laquelle, dans sa spécialité, ne pourrait répondre même un physicien ou un chimiste ! Il ne négligera aucun effort pour y satisfaire, mais il craint bien de ne pouvoir réussir ; le problème, cette fois, lui paraît au-dessus de ses forces.

§. 42. — Comme il serait désolé d'être injuste envers l'administration, il doit ajouter qu'avant de supprimer le service d'expériences, elle a eu la bonté de le faire prévenir officieusement de ses intentions, et de lui faire demander *s'il serait disposé à aller occuper un service de département, en indiquant par ordre de préférence quelles seraient les résidences où il souhaiterait d'être placé.*

Il a refusé par deux raisons. La première, et la plus importante, c'est que, lorsque l'on vient de passer une quinzaine d'années d'âge mûr à s'ossifier dans une spécialité, on est peu apte à bien s'acquitter de tout un ensemble d'autres spécialités ; la seconde, c'est que, comme il est d'usage dans toutes les administrations de ne pas changer en mal la position des fonctionnaires qui, bien loin d'avoir rien fait pour démériter, n'ont fait qu'accroître leurs droits à la bienveillance, il pensait que dans celle des ponts et chaussées ce devait être mieux qu'un usage, surtout quand il s'agissait d'un ingénieur qui avait des titres aussi exceptionnellement satisfaisants.

On lui objectera peut-être que s'il eût accepté un département, comme l'administration avait la bonté de le lui offrir, il aurait pu y continuer ses expériences.

Nouvelle erreur et des plus graves, toujours due à l'enfance de l'art. D'abord, il n'y a pas de département, il l'a assez fait comprendre dans ses ouvrages, susceptible d'offrir une réunion suffisante des principaux éléments qui entrent en jeu dans la production des phénomènes à étudier ; ensuite, des essais en chantier et commencés sur des routes depuis un certain nombre d'années, ne sauraient se prêter à être décalqués ou transférés d'un point à un autre : si on les abandonne, c'en est fait des enseignements que l'on comptait leur demander ; puis des collaborateurs et des agents plus ou moins exercés, que l'on a formés en tout ou en partie, et dont on connaît depuis longtemps les qualités et les défauts ne peuvent se remplacer, quand encore ils le peuvent, qu'au bout de bien du temps, etc., etc. Et ainsi d'autres considérations que l'importance de celles-ci dispense d'exposer.

Plus qu'un mot :

§ 43. — Dans toutes les classes de la société il y a des sujets qui, à un goût irrésistible pour les recherches, à la persévérance et à la suite dans les idées, unissent non seulement l'énergie de caractère et la sincérité de langage qui font placer au-dessus de toutes les considérations la vérité et l'intérêt général, mais encore un dévouement à leur profession qui leur fait tout négliger pour elle , y rêver jour et nuit , en faire pour ainsi dire l'unique mobile de leur vie. Dans aucune de ces classes toutefois , même dans celle pourtant si méritante des ingénieurs des ponts et chaussées , ces hommes ne sont nombreux. Aussi , quand une administration éclairée en aperçoit dans son sein , s'empresse-t-elle , ainsi que cela est plusieurs fois arrivé à celle de ces ingénieurs , à celle de l'artillerie , à d'autres encore probablement , de les mettre en position de donner l'essor à ces facultés. Ce sont en effet les pionniers des découvertes , les soldats du progrès, les éclaireurs de l'avenir.

Jusqu'à ces derniers temps l'administration des ponts et chaussées avait paru de plus en plus disposée à agir d'après ce principe. Ne le serait-elle plus en ce moment ? Le doute semble permis.

VIme SECTION.

—

DES MEILLEURS MOYENS DE HATER LES PROGRÈS DE L'ENTRETIEN.

> Le grand ouvrier de la nature est le temps.
>
> BUFFON.
>
> Patience et longueur de temps font plus que force ni que rage.
>
> LA FONTAINE.

SOMMAIRE.

—

On a posé dans les sections 3, 4 et 5, les propositions qui forment comme le jalonnement des progrès les plus urgents à faire. Dans celle-ci on ne doit s'arrêter qu'aux plus essentielles. — Les deux premières sont, ainsi qu'on l'a déjà annoncé il y a plusieurs années, celles dont il serait surtout instant que l'on s'occupât. — La première consisterait à assurer l'exécution des règlements et des instructions, en chargeant des inspecteurs qui auraient la spécialité de l'entretien, d'examiner pendant l'hiver la tenue des routes, tout au moins de celles les plus importantes; la seconde aurait pour objet de mettre un terme au mésaccord qui existe entre les ingénieurs sur des questions fondamentales de cet art. — Convictions principales de l'auteur.

§ 44. — Ce qui a été exposé dans les sections précédentes a bien avancé la tâche de celle-ci. Aussi aurait-on réuni aux autres le peu de choses que l'on a à y dire, si l'on n'avait cru préférable, et de beaucoup, de préciser isolément, de mettre à l'écart et tout-à-fait en relief ce que pour le moment on considérerait comme plus urgent.

En indiquant, comme on l'a fait section 3, les principaux progrès que réclame aujourd'hui l'entretien, et, sections 4 et 5, le rôle qu'a joué et qu'aurait pu jouer encore le service d'expériences, on a marqué par des jalons les points que l'on croit les plus dignes d'attention. Mais ils renferment trop de choses, et il est dans la nature du progrès de marcher trop lentement, pour qu'il puisse venir à l'esprit d'un praticien de s'arrêter ici à tous. On se bornera donc, après avoir rappelé en quelques mots l'idée-mère des principaux, à en mettre en saillie deux que l'on considère, ainsi qu'on l'a déjà publié depuis plusieurs années, comme méritant de plus en plus d'être pris en sérieuse considération.

Voici d'abord ces quelques mots :

1° La bonté des règlements et des instructions ne sert presque de rien tant que l'on n'emploie pas des moyens sûrs pour en assurer l'exécution. 2° Il serait d'une grande importance que l'on pût résoudre les problèmes auxquels est dû le mésaccord qui existe entre les ingénieurs, même sur des questions fondamentales de l'entretien. 3° Il est déplorable que la proportion entre la quantité de main-d'œuvre et celle de matériaux fournie annuellement soit abandonnée au plus complet arbitraire de chaque ingénieur 4° Bien qu'il y ait une grande variabilité dans les besoins annuels des routes, il y en a à peine dans leurs allocations : quelle serait la meilleure manière de remédier à ce grave défaut ? 5° On n'a encore aucun critérium pour répartir le crédit affecté annuellement à l'entretien ; n'y aurait-il pas moyen d'en trouver un ? 6° Le principe des spécialités est en tout une des bases les plus sûres du progrès ; ne conviendrait-il

pas de le prendre aussi souvent que possible pour guide ?
7° Ne serait-il pas bien plus avantageux à la société de
courir la chance d'avoir trop de chefs et de sous-chefs que
de n'en avoir pas assez ? 8° Ne le serait-il pas aussi, dans
un corps aussi distingué que celui des ponts et chaussées,
de préférer le régime paternel au régime sévère ? 9° On n'a
encore aucun critérium pour établir un rang de supériorité
entre les diverses natures de matériaux. Ne pourrait-on résoudre, au moins approximativement, cette importante
question ? 10° La cause principale de l'usure est-elle l'é-
crasage, ou bien est-ce le frottement ? 11° Est-ce en hiver
ou est-ce en été que cette usure est la plus forte ?

§ 45. — Maintenant, quelles sont celles de ces propositions dont la solution, dans l'état actuel des choses, impor-
terait le plus aux progrès de l'entretien ? Ce sont évidemment les deux premières.

Voici ce que nous avons dit de plus essentiel à ce sujet
dans notre brochure de mars 1844, et ce que nous pouvons
répéter sans y rien changer :

Page 97. — « ..... Un des problèmes les plus impor-
» tants à résoudre aujourd'hui, disons plus vrai, celui qui
» l'est le plus, consiste à trouver le moyen de forcer la
» pratique générale à adopter les méthodes et les procédés
» reconnus les meilleurs, à s'assimiler les idées saines au
» fur et à mesure de leur triomphe.

» Le problème qui vient ensuite est celui-ci : Quel se-
» rait le procédé le plus efficace et le plus prompt pour
» découvrir la vérité au milieu des dissidences profondes
» qui, sur les questions fondamentales, existent entre les
» ingénieurs, entre ceux-mêmes qui se sont le plus occupés
» du sujet ? »

Pages 116 , 117 et 118. — « Si aujourd'hui, sur toutes
» les routes de France, l'exactitude des cantonniers était
» assurée, et le modeste principe du point à temps bien
» compris et convenablement appliqué, il en résulterait
» déjà un état de choses bien supérieur à celui qui existe.
» Sans doute, il s'en faudrait de beaucoup que chaque
» chose se fît aussi bien, aussi opportunément, aussi éco-
» nomiquement surtout, que si les nombreuses questions
» comprises dans les considérations qui précèdent avaient
» été résolues, même ébauchées ; sans doute, l'administra-
» tion ne peut ignorer qu'elle n'a encore aujourd'hui
» qu'un petit nombre d'ingénieurs qui aient fait, depuis
» un temps plus ou moins long et d'une manière suivie ,
» une étude tant pratique que théorique des questions de
» route et de roulage. De là , la conséquence qu'il convien-
» drait de les employer à former le noyau de la boule de
» neige. Mais par quel moyen ? Par un moyen qu'elle a
» déjà trouvé.

» . . . .

» Pour que des instructions , des circulaires atteignent
» leur but, il faut qu'au-dessus de ceux qui sont chargés de
» s'y conformer, de veiller à leur exécution , il y ait des
» agents convenablement placés pour s'assurer, quand et
» comme bon leur semble , de la manière dont les choses
» se passent.

» Pour que des tournées relatives à l'entretien aient quel-
» que utilité , il faut qu'elles soient faites en temps opportun
» et par des ingénieurs qui , fussent-ils très-ignorants en
» travaux d'art , aient la spécialité de cet entretien. Dans
» l'état actuel des choses, l'opportunité de temps est géné-
» ralement impossible , par la raison que, pour les travaux
» d'art , elle est précisément le contraire de ce qu'elle est

» pour l'entretien. Il y a sur ce point incompatibilité, et
» pourtant il est capital.

» . . . .

» Dans l'état actuel des choses, l'entretien des routes
» n'offre à l'œil, en France, qu'un vaste pêle-mêle ; et c'est,
» suivant nous, un grand défaut, car le pêle-mêle ressem-
» ble fort au désordre. Si, sur des points déterminés et
» convenablement choisis, des ingénieurs et d'autres agents
» étaient fixés avec la mission de ne s'occuper que de cette
» branche de l'art, si les lignes à ce affectées l'étaient à
» toujours, on verrait peu à peu l'émulation s'établir entre
» elles et à leurs alentours, et le gâchis d'opinions qui
» existe aujourd'hui faire place à des solutions de plus en
» plus exactes, même pour des problèmes en apparence au-
» jourd'hui inabordables. »

Il ne serait peut-être pas impossible de faire aujourd'hui
quelques pas heureux dans la première voie, celle qui con-
duirait à ne plus laisser pendant l'hiver l'exécution des
règlements et des instructions dans un aussi complet abandon
qu'elle l'est. Mais, quant à la seconde, celle qui aurait
pour objet la solution des principales difficultés qui di-
visent les ingénieurs, il est probable que la méthode que nous
avons proposée ne serait plus goûtée par l'administration.
Nous en verrions bien encore une, sensiblement inférieure
il est vrai, mais nous croyons qu'il vaut mieux laisser à
qui de droit le soin de la chercher, si tant est qu'on le juge
utile.

§ 46. — Nous avons, dans différents passages de cet
écrit, parlé de nos opinions et de nos convictions. Il peut
n'être pas inutile de réunir et de préciser plus nettement
au moins les principales de celles-ci. Les voici :

L'art d'entretenir les routes a , surtout dans un pays
comme la France, une utilité immense , incalculable. —
Les notions au moyen desquelles il peut être pratiqué
avec succès, surtout avec économie et intelligence , n'exis-
taient pas il y a peu d'années, et sont encore profondément arriérées aujourd'hui. — Il n'y a qu'un moyen sûr
de ne pas le laisser languir dans l'ignorance et la routine ,
surtout d'en hâter le progrès ; ce moyen qui est le seul
qu'ait encore découvert l'humanité pour faire avancer les
connaissances expérimentales , consiste dans l'alliance sagement conçue , adroitement combinée , habilement dirigée, de
l'observation , de l'expérimentation , de la méditation et du
calcul ; se borner aux tentatives isolées, incohérentes , et
d'ailleurs fort rares , surtout peu persévérantes , que quelques ingénieurs peuvent juger à propos de faire dans leur
circonscription , ne saurait être le rôle d'une administration
éclairée , et d'ailleurs remplirait mal les trois conditions de
sage conception , d'adroite combinaison , d'habile direction,
attendu que le peu d'étendue de ces circonscriptions , l'iso-
lement et l'incohérence de l'ensemble de leurs essais, ne sauraient y satisfaire ; les champs d'explorations devraient embrasser au moins une longue ligne , et mieux encore plusieurs, afin de ne pas laisser à l'écart, comme le font
complètement les circonscriptions départementales , l'influence si puissante des différences de climat, de celles des
usages locaux , de celles des variétés grandes ou faibles de
sol, d'exposition , de bonté de matériaux , d'intensité et de
nature de roulage ; dans ce domaine , comme dans celui de
tous les arts, de toutes les sciences , l'emploi de ce moyen
exige, pour conduire aux meilleurs résultats, que des individus y soient affectés exclusivement ou peu s'en faut à
toute autre occupation , et tenus , sinon toute leur vie , au

moins une grande partie, dans les mêmes services, vu que l'on ne saurait croire combien de circonstances essentielles échappent à ceux qui changent même rarement, combien surtout, dans des questions pourtant très importantes, il faut d'années pour faire un nombre suffisant d'expérimentations et pour y démêler la vérité. — Quoi que l'on puisse penser à ce sujet, il est de la dernière évidence que la création de chantiers d'observations, d'essais et d'études, ne saurait être, en quelque matière que ce soit, qu'une bonne chose. — Lorsque, dans une administration, on rencontre des sujets assez malheureusement organisés pour se livrer corps et âme à leur tâche, au point d'en faire une affaire personnelle, pour y consacrer non seulement le temps convenable ou voulu, mais encore leurs loisirs, leurs veilles, leur avoir, et cela avec un succès incontestable, ce ne serait pas être bien avisé, fussent-ils peu maniables, fussent-ils même exigeants, que de ne pas mettre à profit ces défauts. — Dans un corps qui a des connaissances théoriques aussi variées que celui des ponts et chaussées, et qui est chargé de travaux aussi divers, il y a place pour des aptitudes très diverses aussi, et entre autres pour celle assez peu commune de l'invention et des recherches ; un des mérites les plus grands d'une bonne administration consistant précisément à placer ses sujets dans les conditions les plus favorables à l'exercice, à l'application de ces aptitudes, on ne saurait trop s'y efforcer de découvrir et de favoriser celle-ci, vu sa grande utilité et sa rareté. — La meilleure manière de faire faire les choses bien et économiquement, est, l'exercice de toutes les industries, et en tous pays, en fait foi, de former des spécialités, et de confier à chacun une tâche conforme à la sienne ; ce serait une chose fâcheuse que d'appliquer, comme règle, le savoir général de chaque ingénieur à beaucoup de spécialités, et surtout à un ensemble dont la principale ou les principales lui seraient peu ou point familières; pour quelques-uns qui y réussissent, la grande majorité y échoue, et au grand détriment de l'état (1). — Un corps formé d'hommes sortis de l'école polytechnique, et qui, par la nature même de leurs fonctions, sont forcés généralement de continuer toute leur vie le labeur scientifique, qui par conséquent ont beaucoup dépensé, et continuent généralement de dépenser beaucoup pour cela, mérite d'être traité très paternellement, avec beaucoup de bienveillance. — Dans l'intérêt de l'état et de la société, intérêt pour lequel seul existe l'administration, il est fort important que les ingénieurs ne craignent pas d'exposer publiquement leurs opinions sur tous les sujets que leur expérience, leurs connaissances peuvent éclairer; dans le plus grand nombre de cas ils peuvent offrir au pays sur ces sujets des idées bien plus saines que celles que lui présentent un grand nombre d'écrivains moins bien pourvus qu'eux, ou même privés des moyens d'apprécier convenablement les choses; sans doute cela peut n'être pas toujours agréable à cette administration; mais, comme elle n'est pas infaillible, cela est évidemment avantageux

(1) Le public, qui en général est étranger à ces spécialités, ne s'aperçoit pas ou s'aperçoit rarement des fautes plus ou moins nombreuses et graves qui sont la suite de cette méthode. Mais ceux qui en possèdent plus ou moins chacune, ne les voient que trop. En ce qui concerne la nôtre, combien de fois n'avons-nous pas dit dans nos écrits que dans toutes nos excursions nous en voyions commettre, et parfois même de monstrueuses, qui n'ont pas d'autre cause !

Nous l'avons déjà dit souvent, et nous croyons devoir le répéter encore, la grande majorité des ingénieurs est, en ce qui touche les questions d'entretien de routes et de roulage, d'une excessive faiblesse. L'art ne fait que de naître, la science dont il ressort n'est pas encore née.

au pays ; d'ailleurs il est si évident que bien peu d'ingénieurs s'exposeront à la mécontenter , que l'abus est loin d'être à craindre.

Si de ces considérations de premier ordre et qui embrassent l'ensemble des autres , nous descendons aux plus importantes de celles de second ordre , nous ajouterons qu'en matière d'entretien de routes, ce qu'il est le plus essentiel de ne jamais perdre de vue , c'est que les ouvriers qui l'exécutent sont isolés , disséminés sur de grands espaces , et que par conséquent une surveillance très forte et bien organisée peut seule remédier aux graves inconvénients qui en résultent ; c'est que le mot de Napoléon , *ce sont les sous-officiers qui font la force des armées* , exprime une idée qui s'applique avec encore plus de justesse à l'entretien de ces voies ; c'est qu'il n'est pas plus possible à un ingénieur d'être , en matière de routes et de roulage , bon praticien , s'il ne s'est exercé à des expérimentations préliminaires du genre de celles que nous avons si souvent conseillées , qu'à un chimiste de l'être , s'il ne s'est livré à celles que comporte sa science ; c'est que si l'exactitude des cantonniers et la bonne exécution des travaux dont ils sont chargés , ont besoin d'une surveillance très active et expérimentée , il ne s'ensuit pas que la manière de faire et d'être des ingénieurs doive être laissée , comme elle l'est ou à peu près en cette matière , à l'abandon ; c'est qu'il est aussi peu rationnel que les routes soient privées d'inspections en hiver qu'il l'était , il y a une vingtaine d'années , que les cantonniers fussent livrés à eux-mêmes.

VIIme SECTION.

—

RÉSUMÉ ET CONCLUSION.

On a peu de chose à craindre des hommes, et rien de Dieu.

SÉNÈQUE

Fais ce que dois, advienne que pourra.

SOMMAIRE.

—

Il a été établi par la première section que le passé bien connu de l'auteur donne à ses opinions et surtout à ses convictions le poids que donne toujours une grande expérience couronnée constamment du succès. — Par la seconde, que les progrès faits dans l'entretien depuis une vingtaine d'années sont considérables, quand on compare ce qu'il est aujourd'hui à ce qu'il était alors, mais qu'ils ne sont rien en présence de ceux qui lui restent à faire. — Par la troisième, que ceux-ci renferment, outre la série tout entière des problèmes secondaires et de ceux inférieurs, presque tous ceux fondamentaux. — Par la quatrième, que le service d'expériences a été de la plus grande utilité, et cela non seulement sous le point de vue local, mais encore sous celui général, mais encore sous celui de l'art et de la science, et que tout annonce qu'il aurait continué de l'être s'il n'eût été supprimé. — Par la cinquième, que ce service n'avait pour objet que l'application d'une chose trouvée, le système de l'auteur; mais que cet auteur avait affecté ses loisirs, ses veilles, souvent même sa bourse, à des choses à trouver, à la recherche de la solution de questions fondamentales, et qu'en agissant comme on l'a fait, on n'a peut-être pas choisi la manière la plus équitable envers lui, la manière la plus favorable au progrès, qui, aujourd'hui plus que jamais, exige, même dans les branches de connaissances les plus avancées, des expérimentations aussi suivies et aussi persévérantes que possible; que jusqu'à ces derniers temps l'administration avait peut-être, en en maintenant, malgré toutes les oppositions, un foyer permanent, et en y conservant l'ingénieur qui connaissait le mieux la matière, interprété avec plus de bonheur les besoins de l'époque qu'elle ne semble le faire en ce moment. — Par la sixième, que ce qui aujourd'hui serait le plus urgent, ce serait, ainsi que cet ingénieur l'a déjà publié tant de fois, d'une part, d'assurer, par des inspections d'hiver d'hommes spéciaux, l'exécution des règlements et des instructions; d'autre part, de trouver les moyens de faire cesser le mésaccord qui, sur des propositions fondamentales, existe entre les ingénieurs qui ont le mieux fait leurs preuves dans cette partie de leur art. — La conclusion qui découle de cet opuscule est d'abord celle des derniers écrits de l'auteur, ensuite celle-ci, que, parmi les mesures adoptées récemment par l'administration, il y en a plus d'une qui paraît n'être pas en parfait accord avec des principes d'une justesse pourtant peu contestable. — Il y a une distinction fort essentielle à faire entre la tâche générale des ingénieurs, celle de l'application, et celle exceptionnelle des recherches et des découvertes. — Exemple emprunté aux principaux résultats obtenus par l'auteur. — La suppression du service d'expériences est une des plus grandes preuves de l'enfance de l'entretien, et une des erreurs les plus fâcheuses qu'elle pût faire commettre. — Dans les corps scientifiques il ne suffit pas toujours, pour qu'une chose soit vraie, que l'autorité l'ait décidé. — Ce qui, dans une foule de cas, y fait la force, ce n'est pas le pouvoir, mais le savoir. — Les promoteurs de vérités qui choquent fortement les idées reçues, les auteurs des grandes améliorations, ont presque toujours, même aujourd'hui, beaucoup à souffrir de l'exercice de ce rôle. — C'est aux individus qui ne sont pas entièrement privés des aisances de la vie, et qui ont ce qui est nécessaire pour le remplir, à payer de leur personne en se l'imposant.

§ **47.** — La première section de cet écrit a fait voir, qu'en ce qui touche les questions qu'il embrasse, les opinions et surtout les convictions de l'auteur méritent une grande confiance, attendu qu'il a en sa faveur les titres suivants : premièrement, de s'être occupé de cet objet beaucoup plus et depuis beaucoup plus de temps qu'aucun de ses confrères : secondement, d'avoir eu des occasions bien plus nombreuses, bien plus difficiles et délicates d'y acquérir de l'expérience, et par suite aussi des connaissances théoriques : troisièmement, d'avoir eu à remplir, au sujet des plus essentielles de ces questions, des missions très importantes, et dans lesquelles il a constamment réussi, bien qu'à l'égard de plusieurs nombre d'ingénieurs eussent assuré qu'il était impossible qu'il n'échouât pas : quatrièmement, d'avoir, depuis une vingtaine d'années, constamment résolu, au fur et à mesure qu'elles se présentaient, celles de ces questions dont l'opinion ou son administration se préoccupait ; cinquièmement , d'être allé étudier les plus importantes sur les routes , près des ingénieurs , et dans les écrits d'une nation chez laquelle la grande utilité de ces voies est depuis longtemps mieux appréciée qu'ailleurs , et d'avoir prouvé , d'abord , que les publicistes français qui avaient rendu compte de la manière dont elles y étaient envisagées , s'étaient fortement trompés : ensuite , qu'il fallait bien se garder de suivre le conseil qu'ils avaient donné d'imiter ce qui s'y faisait : sixièmement , enfin , d'avoir obtenu les suffrages les plus flatteurs , soit des riverains du service d'expériences , c'est-à-dire de ceux qui avaient le plus d'intérêt au succès , soit de nombre de personnes éminentes , soit , ce qui est un point plus important encore , de son administration.

§ 48. — La seconde section a présenté l'énumération des principaux progrès faits dans la matière depuis un vingtaine d'années. Ces progrès qui datent du moment où une terreur panique s'étant emparée de la tête de la nation , l'ingénieur dont il s'agit vint prouver qu'elle était sans fondement , et montrer où était le nœud de la difficulté , sont , on l'a vu , considérables , quand on songe qu'alors l'entretien n'était , suivant l'expression reçue , qu'un *métier de pousse-cailloux.* Mais quand on pense à ce qui y reste à faire , ils se réduisent à presque rien. Ils consistent principalement en ce qu'aujourd'hui l'on reconnaît assez généralement , au moins en théorie , que l'entretien exige des connaissances et une expérience bien plus grandes qu'on ne l'avait supposé ; qu'il ne fait que de naître ; qu'il a besoin d'une surveillance très forte , au lieu d'une presque nulle qu'il avait ; que la méthode des répandages généraux est très défectueuse ; qu'en rase campagne les empierrements sont bien préférables aux pavages ; que les routes sont, toutes choses égales d'ailleurs, d'autant plus difficiles à traiter qu'elles sont plus fatiguées ; que l'on avait grand tort de croire celles anglaises et les institutions qui les régissent supérieures à celles françaises ; que les accotements ne sont point un obstacle à la bonté de la viabilité ; que les surcharges du roulage sont loin d'être aussi redoutables qu'on le supposait ; que la répartition des crédits ne repose sur aucune règle précise et surtout scientifique ; enfin, que l'observation et l'expérimentation, sagement comprises et pratiquées, doivent être à l'avenir les deux bras de l'entretien.

§ 49. — **La** troisième section a montré combien, tout autant sous le point de vue de l'économie que sous celui de la science et de l'art, les principaux problèmes à résoudre aujourd'hui sont importants. On y a vu que la branche de connaissances qui les a pour objet en est encore à épeler ; que parmi les erreurs détruites depuis quelques années, il y en a de si étranges, qu'aujourd'hui l'on ne peut croire qu'elles aient régné et surtout il y a si peu de temps ; qu'il en existe encore d'au moins aussi étranges, et, par exemple, celle que les routes ne sont pas inspectées pendant la mauvaise saison, mais pendant la belle, ce qui équivaut à admettre comme convenable que les médecins visitent leurs clients quand ils se portent bien, et les abandonnent quand ils sont malades ; que les règlements et les instructions, fussent-ils parfaits, sont une lettre morte, tant que l'on n'emploie pas des moyens efficaces pour en assurer l'exécution ; que les ingénieurs, même les plus spéciaux, ne sont pas d'accord sur des questions pourtant fondamentales : que l'application au corps des ponts et chaussées du principe de la spécialisation des connaissances, principe dont la grande utilité est si universellement reconnue aujourd'hui partout, paraîtrait en ce moment, si nous ne nous trompons, moins goûtée par l'administration; qu'au contraire celle d'un principe qu'en ce qui touche notre spécialité nous considérons comme fort coûteuse, fort onéreuse, et qui consiste à économiser sur la dépense des chefs, en les surchargeant, semblerait entrer dans ses vues; que la répartition entre les différents départements du crédit général de l'entretien est, toujours par suite de l'enfance de l'art, abandonnée à l'arbitraire; qu'il en est de même de celle de chacun des crédits particuliers; que, quoique les variations annuelles des intempéries rendent fort différents d'une année à l'autre les besoins de chaque route, les allocations varient peu généralement, et, quand elles le font, le font souvent en sens contraire de ces besoins; que les idées sur le rapport à adopter entre la quantité de matériaux et la quantité de main-d'œuvre diffèrent tellement, que, dans des circonstances pourtant identiques, un ingénieur pourra en adopter un, double, triple, quintuple, décuple même de celui qu'aura adopté un autre; que les ingénieurs ne sont d'accord ni sur le degré de bonté des diverses natures de matériaux, ni sur la question de savoir si c'est surtout par l'écrasage ou par le frottement que l'usure des pierres a lieu, ni sur celle de savoir si c'est pendant l'été ou pendant l'hiver que cette usure est la plus forte; questions qui toutes cependant sont d'un grand intérêt sous le point de vue économique aussi bien que sous celui scientifique.

§ 50. — La quatrième a mis dans tout son jour l'utilité dont a été et celle dont aurait pu être encore le service d'expériences. Elle a fait voir qu'il résulte des enquêtes que la viabilité et la tenue des routes qui y étaient affectées ont éprouvé une très grande amélioration ; que, lors de la crise sur les subsistances, il a produit un bien immense, surtout en empêchant les calamités qu'aurait produites l'interruption de la circulation ; qu'il a fourni la solution de problèmes très importants ; qu'il a, conformément aux intentions de l'administration, sensiblement contribué à propager le système de l'auteur ; qu'il a mis dans un plein jour l'erreur de la croyance où l'on était que le système des emplois partiels n'était pas applicable au midi, ainsi que celle qu'il y avait des circonstances où les empierrements devaient nécessairement être remplacés par des pavages ; qu'il a prouvé que l'on peut obtenir annuellement sur l'emmétrage une économie énorme ; qu'il a fait ressortir les grands avantages de la méthode du cassage par les cantonniers : enfin, que si ce service n'eût été supprimé, il eût donné les moyens, non seulement de faire faire au métier, à l'art et à la science les plus heureux progrès, mais encore de conserver sur les routes qui y étaient affectées l'unité de principes, de méthodes, de tenue et d'organisation qui leur était si utile.

§ 51. — La cinquième établi que ce qu'avait pour objet ce service, c'était l'application du système de l'auteur, c'est-à-dire une chose trouvée ; que, par conséquent, cet auteur, e n consacrant ses loisirs, ses veilles et souvent son avoir, à de nouvelles recherches, à de nouvelles études, s'était de lui-même imposé, et le langage de l'administration a prouvé qu'elle l'avait bien compris ainsi, une tâche distincte, tâche qui lui constituait, abstraction faite de ses succès dans la première, des titres distincts aussi, et peu communs dans aucune administration, à la bienveillance de la sienne : que pourtant, dans la manière dont on vient d'agir à son égard, on a, toujours par suite de l'enfance de cette branche de connaissances, tenu peu de compte de ces titres, et même été peu équitable envers lui ; que, ce qui est plus fâcheux encore, on a porté un préjudice sensible à l'état et à la science, en lui ôtant les moyens, soit de poursuivre les expériences qu'il avait commencées, soit d'en tirer parti, soit d'en entreprendre d'autres ; enfin, qu'il eût été facile de faire comprendre aux personnes qui demandaient la suppression de ce service combien peu cette demande était légitimée par l'état des choses et par les convenances.

§ 52. — La sixième a rappelé en peu de mots quels étaient les progrès les plus essentiels à faire aujourd'hui : mais elle n'a cherché à fixer l'attention que sur deux d'entre eux dont l'importance est tout-à-fait hors de ligne, et qui consistent, savoir : le premier, en ce que si l'on désire, comme cela est évident, que l'entretien fasse des progrès, que les instructions y soient exécutées, il serait indispensable que les routes fussent parcourues en hiver par des inspecteurs ayant la spécialité de cet art ; le second, à aviser aux moyens de faire cesser, au moins en ce qui touche les questions fondamentales, le mésaccord qui existe même entre les ingénieurs qui connaissent le mieux la matière.

§ 53. — Nous devons maintenant, pour conclure, commencer par rappeler quelques passages de nos précédents écrits.

Nous y avons fait plusieurs fois observer que l'entre-

tien des routes méritait qu'on lui appliquât ces paroles
de Bichat sur la médecine :

« Incohérent assemblage d'opinions elles-mêmes inco-
» hérentes, elle est peut-être de toutes les sciences phy-
» siologiques celle où se peignent le mieux les travers
» de l'esprit humain. Que dis-je ! ce n'est point une
» science pour un esprit méthodique, c'est un assemblage
» informe d'idées inexactes, d'observations souvent puériles,
» de moyens illusoires, de formules aussi bizarrement
» conçues que fastidieusement assemblées. »

Nous y avons fait également plusieurs fois observer que
les découvertes faites et à faire dans cette branche de connaissances étaient souvent dans le cas de rappeler un trait
de la jeunesse d'Alexandre-le-Grand, et nous y avons fait
allusion en ces termes :

« Il y avait dans l'hippodrome un cheval qui renver-
» sait et estropiait tous ceux qui essayaient de le domp-
» ter. Alexandre qui l'observait, ayant saisi comme il le
» fallait prendre, le monta et le mania comme on aurait
» fait d'un cheval ordinaire. Voici comme il s'y prit : il
» s'était aperçu, et là était tout le mérite, que l'ombre du
» cavalier l'épouvantait ; il s'étudia donc à le manœuvrer
» d'abord en lui évitant cette ombre, puis en la lui faisant
» entrevoir, enfin en la lui montrant tout entière : par
» cet expédient, fort simple il est vrai, mais qu'il fallait
» découvrir, il le dompta.

» Dans toutes les connaissances il y a, pour arriver aux
» mille et mille vérités dont elles se composent, des expé-
» dients de ce genre à trouver ; souvent c'est le hasard qui
» les fait découvrir, d'autres fois c'est la perspicacité, plus
» souvent encore le labeur. Tant qu'un expédient n'est pas
» trouvé, l'erreur qui tient la place de la vérité qu'il recèle

» paraît naturelle et simple ; elle paraît si naturelle et si
» simple , qu'elle est adorée par tout le monde : est-il dé-
» couvert , on la bafoue , plus personne ne l'a encensée ,
» même connue. Dans le trait que je viens de rappeler , il
» est à croire que si Alexandre eût dit son mot, il n'eût
» trouvé que des gens qui l'auraient deviné comme lui ,
» même peut-être parmi ceux qui s'étaient fait estropier.

» L'entretien des routes est comme les autres connais-
» sances : chaque vérité dont il se compose a son expé-
» dient , chaque vérité dont il se compose rappelle le che-
» val d'Alexandre ou l'œuf de Christophe Colomb. »

Enfin , nous nous sommes exprimé ainsi dans notre brochure de février 1839 , page 381 :

« Un axiôme presque banal dit que quand on a besoin
» de force il faut la prendre où elle est. Or , en ce qui con-
» cerne l'entretien , la force est dans les ingénieurs qui
» ont rétabli des routes que leurs confrères ne pouvaient
» rétablir , celles très fréquentées surtout , de même qu'à
» la guerre la force est en ceux qui ont su battre l'ennemi,
» et surtout un ennemi habile et fort.

» Faire faire par le moyen de ces ingénieurs la boule
» de neige à l'art et au métier , former par leur moyen le
» plus possible de spécialités et même quelques supério-
» rités , tant parmi les ingénieurs que parmi les conduc-
» teurs, faire faire les inspections relatives aux routes
» pendant la mauvaise saison et par des hommes ayant fait
» leurs preuves , récompenser grandement , tenir peu de
» compte du savoir-dire et beaucoup du savoir-faire , or-
» ganiser au travers de la France plusieurs lignes d'expé-
» riences faisant fonction d'écoles , c'est-à-dire faire pour
» l'industrie de l'entretien ce que l'on a senti la néces-
» sité de faire pour toutes les grandes industries ; voilà

» en deux mots, si nous ne nous trompons, les véritables
» moyens de tirer l'entretien de l'ilotisme. »

§ 54. — Les événements survenus depuis que ces passages ont été publiés ne nous auraient permis, il y a quelques mois, que d'en modifier, et encore bien légèrement, comme on l'a vu précédemment, le premier. Mais aujourd'hui qu'ils ont été suivis d'autres événements qui semblent annoncer un changement prononcé dans les vues de l'administration, nous ne pouvons nous dispenser d'en tenir compte, et d'exprimer la crainte que nous éprouvons, qu'à la marche favorable aux progrès de cet art que suivait cette administration, n'en ait succédé une qui y soit contraire. Nous n'insisterons pas davantage sur ce point.

Quelque spécialité que l'on ait en une matière, pour qu'à une époque donnée l'on puisse espérer voir ses idées accueillies, il ne suffit pas qu'elles soient justes ; il faut encore, et surtout, qu'elles soient goûtées par les personnes qui à cette époque exercent le plus d'influence sur la possibilité de cet accueil. Or, celui qui trace ces lignes ne se croit pas assez dans cette condition pour supposer que les siennes puissent l'être aujourd'hui. Mais tout ruisseau suit sa pente, et beaucoup n'atteignent qu'après un long temps le terme de leur course. Si chaque fois qu'un but est éloigné il suffisait de ce motif pour renoncer à le poursuivre, bien peu d'œuvres éminemment utiles verraient le jour. Qui planterait un chêne, et surtout un baobab ? Que chaque spécialité sème sur ce qu'elle sait des idées justes ; que de loin en loin, et quand l'occasion s'en présente, elle revienne à la charge, puis qu'elle laisse au temps à faire le reste.

§ 55. — L'auteur en serait peut-être resté là, si cette

brochure n'avait dû être probablement la dernière qu'il publiera sur l'ensemble des questions qu'embrasse l'entretien des routes, et peut-être même sur cet art. Mais, en raison de cette considération, il tient à mettre encore plus en relief qu'il ne l'a fait jusqu'ici celles de ses convictions qui, au moment où il écrit ceci, lui semblent s'adapter le mieux aux circonstances.

Lorsqu'il y a une vingtaine d'années une forte portion de l'opinion publique, soulevée contre le corps des ponts et chaussées, l'attaquait avec vivacité, et semblait tenir à ce qu'on lui enlevât les routes, il crut pouvoir élever sa bien faible voix pour chercher à la détromper : et dans une brochure qui, sous la date de 1829, fut distribuée à la fin de 1828, il dit entre autres choses ce qui suit..........

« Les ingénieurs des ponts et chaussées ne sont qu'une
» des phalanges de cette école dont la France s'honore et
» que l'étranger lui envie. Serait-elle donc privée de cet
» amour du devoir, de ce zèle du bien public qui anime
» ses sœurs? Partout un concert d'éloges les précède et
» les accompagne; partout où le nom d'élève de l'école
» polytechnique se fait entendre, un sentiment de bien-
» veillance l'accueille; on dirait que ce mot est le sy-
» nonyme de l'homme utile, de l'homme dévoué à son
» pays; on dirait..... Cette expression du doute échappe
» à ma plume, car ce n'est pas celle à laquelle est ha-
» bituée mon oreille. Jusqu'à ce jour, brillante du passé
» et rayonnante d'avenir, elle marchait sans tache sous
» la bannière de l'industrie et des sciences. Une attaque
» inopinée vient la chercher, où la trouve-t-elle? Sur les
» ateliers des canaux et des routes, dans les chantiers
» de la marine, au milieu des labeurs de toute espèce.
» Comment y répond-elle? Comme Archimède au soldat

» de Marcellus. . . . .

» . . . . . . Les routes sont mauvaises, voilà tout le
» crime des ingénieurs. Mais les chemins vicinaux sont
» plus mauvais encore : est-ce aussi leur faute ? Mais notre
» époque appelle des changements, des réformes nom-
» breuses dans le mécanisme social : est-ce une classe
» d'hommes aussi qui est la source du mal ? Mais l'orga-
» nisation municipale est en butte à mille attaques : sont-ce
» les Maires qui sont coupables ? On me citera sans
» doute des ingénieurs paresseux, insouciants, mais quelles
» sont donc les réunions où personne ne faillit ? Et sous
» ce rapport en est-il beaucoup qui fussent aussi peu
» attaquables que celle des ingénieurs ? On a dit, et avec
» beaucoup de raison, que l'oisiveté est la mère de tous
» les vices : ne peut-on pas ajouter avec autant de vérité
» que le travail et l'étude en sont le fléau ? Et ce seul
» principe ne suffirait-il pas pour faire absoudre les in-
» génieurs ?

» Dans l'état actuel de la société, quand un individu
» a consacré toute sa jeunesse à l'étude, que ses parents
» ont fait des sacrifices considérables pour lui créer un
» état, qu'il a répondu à leur attente, ne lui est-il pas
» permis d'espérer qu'avec une bonne conduite il pourra,
» pour ses vieux jours et pour sa famille, amasser une
» modeste aisance ? S'il n'en était pas ainsi, combien
» devrait être triste la perspective de la jeunesse ! Qu'on
» cherche parmi les ingénieurs qui sont arrivés ou qui tou-
» chent au terme de leur carrière, et l'on nous dira si
» trente et quelques années d'un travail assidu n'auraient
» pas mérité quelques douceurs de plus, quelques inquié-
» tudes de moins à leur vieillesse ! Que l'on jette les yeux
» sur la tête du corps, sur cette assemblée vénérable, où

» résident l'expérience et les talens ; que l'on demande à
» ces hommes dont la vie entière a été consacrée au tra-
» vail, au service public, qu'on leur demande s'ils sont
» éligibles, si même ils sont électeurs ! Ceux-là seuls
» répondront qui par leur patrimoine sont en état de
» le faire ; mais ce n'est ni la munificence de l'état ni
» les fruits de leurs loisirs qui leur ont acquis ce droit. »

Si la justesse de ces observations était de nature à faire
impression sur l'opinion publique, serait-il impossible
qu'elle en fît sur l'administration, dans le cas où celle-ci
serait disposée à traiter les ingénieurs avec plus de sévérité
que de bienveillance ? Nous ne savons : mais si, comme
nous le croyons, elle n'est pas infaillible, et peut, en
vue de réflexions judicieuses, modifier ses vues, il serait
difficile qu'il y eût eu de l'inconvénient à les rappeler.

Que l'on ne pense pas du reste pouvoir opposer à ce langage celui que nous tenons, quand nous déplorons la manière dont se fait l'entretien des routes, et surtout l'inexécution flagrante des instructions dont cet art est l'objet. Nous
sommes intimement persuadés, d'après les résultats de notre
propre expérience, qu'il serait *généralement* facile, à l'aide
bien entendu de moyens appropriés au sujet, de mettre un
terme à ce fâcheux état de choses, sans s'écarter que rarement, qu'exceptionnellement du régime paternel.

Oui, l'entretien des routes est, ainsi que nous ne cessons
de le publier depuis une vingtaine d'années, dans un véritable état d'anarchie, soit pour la théorie, soit surtout
pour la pratique : ce qui tient à ce qu'il ne fait que de
naître. Oui, il y a encore fort peu d'ingénieurs qui aient
à son égard des idées saines, et ne soient exposés à faire
un plus ou moins mauvais usage des crédits qui leur
sont confiés pour lui. Oui, chacun d'eux, même celui

qui n'a pas encore eu occasion de s'y exercer, le dirige comme bon lui semble ; oui, celui qui s'en est occupé, ne fût-ce qu'un petit nombre d'années, s'y croit généralement aussi habile que ceux qui en ont fait exclusivement l'étude de toute leur vie. Oui, il se fait journellement sur la plus grande partie des routes, surtout en hiver, des fautes très graves et même des infractions flagrantes aux recommandations les plus essentielles des instructions. Oui, l'administration n'a encore aucun moyen de connaître la manière dont ces instructions sont exécutées, et même comprises. Oui, il en résulte sur nombre de points un véritable gaspillage des fonds. Oui, l'on fait beaucoup trop peu d'attention à un fait dont pourtant l'importance est immense, à savoir que les cantonniers sont forcément disséminés sur de grandes longueurs de ces voies, et que par conséquent il est impossible, si l'on n'a une surveillance très forte et bien organisée, beaucoup plus forte et mieux organisée qu'elle n'est presque partout, d'assurer leur instruction, même leur simple exactitude, à bien plus forte raison le bon emploi de leur temps. Oui, les ingénieurs sont beaucoup trop surchargés, pour pouvoir donner à la tenue de leurs routes la sollicitude, la suite continue de soins qu'elles réclament, celles fatiguées plus particulièrement. Oui, c'est une économie des plus coûteuses pour l'état et pour l'industrie des transports, c'est-à-dire pour la société tout entière, que celle qui marchande sur la surveillance et la direction. Oui aussi, des autres propositions sur lesquelles nous avons insisté dans cet écrit. Oui, par conséquent, il serait très fâcheux qu'il ne fût pas pris de promptes mesures pour remédier au moins aux plus urgents de ces abus, inconvénients ou erreurs.

Mais s'ensuit-il qu'il faille en accuser les ingénieurs

ou leur administration ? Non évidemment, c'est uniquement l'enfance de l'art. Mais s'ensuit-il que ces mesures doivent être demandées à un régime de sévérité ? Selon nous, pas davantage : nous sommes profondément convaincus que ce serait une faute. Combien, dans le service d'expériences, n'avons-nous pas eu à modifier les idées de presque tous nos collaborateurs ! et cependant, à un fort petit nombre d'exceptions près, ç'a été par la persuasion et le langage affectueux que nous y sommes parvenu.

§ 56. — Possédât-on une réunion de facultés, une capacité générale des plus remarquables, il serait impossible en aucune spécialité d'éviter des fautes et même de très graves, si l'on n'y prenait pour point d'appui ce qui en fait la force. Or, en matière d'entretien de routes, ce qui évidemment fait la force, c'est l'ensemble des connaissances, tant pratiques que théoriques, acquises par un long passé d'investigations incessantes et faites dans des conditions très diverses, dans de fort difficiles entre autres, avec ordre, maturité, suite dans les idées, précision, et, comme disait Newton, *en y pensant toujours*. C'est à cet ensemble seul qu'appartient la clairvoyance qui, dans chaque occasion, fait trouver le nœud des difficultés, distinguer et saisir ce rien souvent imperceptible ou noyé dans une foule de choses différentes, qui en fournit la solution, cette peur de l'ombre du cheval d'Alexandre dont on parlait tout à l'heure, ou encore l'équilibre si fréquemment cité de l'œuf de Christophe Colomb.

Lorsqu'il y a une vingtaine d'années les esprits, livrés à la recherche d'un moyen qui permît d'échapper au désastre annoncé par l'expérience des cinq cents francs de dommage en un jour, s'évertuaient en discussions sur les avantages ou les inconvénients d'enlever à l'administration des ponts et chaussées l'entretien des routes et de le confier à des compagnies ou aux départements, sur l'imperméabilité des chaussées, sur les effets des fondations, sur les enclumes, sur la nécessité de la pureté des matériaux, sur celle de leur finesse, etc, etc., quel fut ce rien? quelle fut, avec l'explication de cette expérience, l'idée d'où jaillit ce moyen? Ce fut tout simplement qu'il y avait un fait fondamental qui, bien qu'il dominât toute la matière, restait gisant, inaperçu; que ce fait consistait en ce que les cantonniers étant alors complètement abandonnés à eux-mêmes, et n'étant pas même visités une fois par mois par un surveillant, même le plus ignorant, il était impossible que les routes ne fussent pas on ne peut plus mal tenues. Quel fut ce moyen? Ce fut l'adoption et surtout *la mise en pratique* de ce principe, que l'entretien devait être considéré comme une industrie, et traité comme tel. Or, qui le croirait? ce même rien, que pourtant nous n'avons cessé de rappeler, de remettre devant les yeux, est encore aujourd'hui, sur une foule de routes, le nœud gordien d'une bonne viabilité. Ce fait capital, qui, dans chaque cabinet où l'on a à s'occuper d'entretien de routes, devrait être inscrit en caractères si apparents qu'on ne pût jamais le perdre de vue : ce fait, que le propre de cet entretien est d'être, contrairement à presque toutes les industries, exécuté par des ouvriers isolés, disséminés sur de grandes longueurs de ces voies, qui dans maintes circonstances, et souvent plusieurs fois par jour dans la mauvaise saison, doivent, suivant le temps qu'il fait, changer de manière d'opérer, de nature d'ouvrage, ce fait est presque constamment oublié ou négligé, si fort oublié ou négligé, qu'il y a peu d'endroits où l'on ait une surveillance proportionnée à celle qui serait nécessaire. On dirait que la vérité ne peut franchir qu'à pas de tortue, ou mieux d'aye-aye, le trajet qui la sépare de l'erreur, et qu'en cette circonstance l'art est incapable de passer de l'absence complète de surveillance, surtout spéciale, à une surveillance convenable sans s'être arrêté plus ou moins longtemps à nombre de points intermédiaires.

Autre exemple de la facilité avec laquelle les faits fondamentaux échappent même aux plus belles intelligences, quand elles n'ont pas la spécialité du sujet. On connaît ce proverbe persan : *Voulez-vous faire croître le mérite, semez les récompenses.* Or, pendant de longues années, il n'était pas même venu à l'esprit que la bonne tenue de l'entretien des routes pût être un objet particulier de distinctions, d'avancement.

Autre exemple déjà cité bien des fois dans cette brochure et dans ses devancières. Comprend-on que ces voies, qui pendant la belle saison sont inspectées, ne le soient pas, les plus fatiguées tout au moins, pendant la mauvaise par des ingénieurs ayant la spécialité de cet art? Comprend-on que l'on envoie des médecins à des gens qui se portent bien, et que l'on n'en envoie pas à des gens qui sont malades ?

Disons-le et redisons-le sans cesse, les mesures sages, les mesures vraiment bonnes ne se devinent pas, ne s'improvisent pas, ne s'inventent pas : elles sont comme les vêtements bien faits, qui vont d'autant mieux aux personnes que l'on en a mieux pris la mesure ; elles se moulent sur la connaissance plus ou moins approfondie des questions et de leur ensemble.

§ 57. — L'auteur de cet écrit est trop près de devenir

étranger à la branche de connaissances qu'il a tant aimée ,
non pour elle, car elle a peu d'attraits et lui a causé trop
d'ennuis, mais pour l'immense utilité qu'il lui croyait et
plus que jamais lui croit encore ; il est trop près même de
n'être plus pour le corps des ponts et chaussées qu'une
feuille arrachée de sa tige, pour que l'on puisse attribuer
l'insistance qu'il a mise et qu'il va mettre encore à répéter
quelques-unes de ses idées à un autre sentiment que celui
qui naît de convictions d'autant plus profondément senties
que, depuis bien des années, la matière qui en est l'objet
est le sujet de ses méditations. D'ailleurs, on le sait, il
place toujours les personnes au-dessus de la critique, et
n'impute qu'à l'enfance de l'art les erreurs qu'il signale.

Admettre dans l'état actuel de l'entretien qu'un service
d'expériences, et surtout confié à l'ingénieur qui avait le
plus fait pour cet art, était peu utile, ç'a été donner de
cette enfance une nouvelle preuve, et une même des plus frap-
pantes qui se puissent rencontrer. En effet, comment n'a-
t-on pas senti qu'après avoir soutenu et encouragé si longtemps, et avec une supériorité de raison si évidente, ce
service, l'abandonner à une époque où, parmi les ingénieurs qui connaissent le mieux le sujet, il n'y en a pas
un qui ne convienne de cette enfance, c'était faire un acte
que l'avenir ne pourrait ratifier, que même il pourrait juger sévèrement ? Comment n'a-t-on pas senti que, dans
un temps où tout ce qu'il y a au monde d'hommes éclairés
applaudit, surtout en matière de sciences et d'art, aux expérimentations, et préférerait cent fois en voir tenter d'i-
nutiles que de ne pas en voir tenter du tout, c'était le
comble de l'erreur que d'en supprimer un système tout or-
ganisé, que c'était faire pis que de croire aux cinq cents
francs de dommage en un jour ? Comment, lorsque l'ingé-

nieur qui dirigeait ce système disait et écrivait qu'en matière d'entretien de routes chaque groupe d'essais exige un
temps fort long , que presque tous ceux qu'il avait en chantier dans le moment ne pourraient lui offrir de solution avant
plusieurs années , qu'il en avait d'ailleurs bien d'autres à entreprendre , n'a-t-on pas senti que , détruire ce service ,
c'était imiter le pêcheur qui tirerait ses filets avant que le
poisson eût eu le temps de s'y rendre , le cultivateur qui
moissonnerait son blé avant que le grain ne fût formé dans
l'épi ? Les expériences de quelque prix ne se font pas à la
course : ce que l'on fait vite a peu de valeur. *La perfection d'une pendule* , dit Vauvenargues, *ne consiste pas à
aller vite . mais à aller juste ;* le temps d'ailleurs ne res-
pecte que ce qu'il a fondé. Comment n'a-t-on pas senti
qu'avoir , en rédigeant les principales circulaires sur l'entretien , emprunté aux ouvrages de cet ingénieur, ou à
ceux de ses adeptes , ses idées fondamentales , que l'avoir
complimenté et félicité comme on l'a fait , ainsi du reste
que tant d'autres personnes distinguées , que le charger
de présenter sous forme d'instructions les résultats de ses
expériences , c'est avoir si bien reconnu soi-même sa supériorité dans cette spécialité , que l'on ne peut, ne l'ayant
pas et ne pouvant même pas l'avoir, lui contester la capacité d'être bien mieux en position de juger si ce service
avait assez duré , car enfin pour avoir, ne fût-ce que des
notions sur ce qu'une telle conjecture pouvait avoir de vrai
ou de faux , fallait-il encore connaître la matière ? Il était
d'ailleurs évident, avec les titres et les droits qu'il avait,
avec sa franchise et son désintéressement bien connus , que
son langage n'était nullement dicté par son propre intérêt.
Comment également n'a-t-on pas senti qu'à une époque où
l'ignorance du sujet est encore si générale que l'on n'a qu'un

petit nombre d'ingénieurs qui y aient des idées saines, et que l'on y voit commettre journellement et à chaque pas les erreurs les plus graves, les manquements mêmes les plus manifestes à ce que les instructions ont de plus précis, de plus formel, de plus essentiel ; qu'à une telle époque, disons-nous, mettre le possesseur de cette spécialité dans le cas de renoncer à l'activité, c'était se priver d'un des meilleurs moyens de faire progresser l'entretien, de l'arracher à l'anarchie, d'en créer la science ?

Nous ne saurions le répéter trop, en abandonnant les sages principes qui la guidaient dans cette voie, l'administration n'a pas été heureusement inspirée.

§ 58. — Nous avons dit et nous répétons qu'à nos yeux un corps scientifique, et surtout au point où l'est celui des ponts et chaussées, ne doit pas être administré comme un corps qui ne l'est pas ou qui l'est peu. Nous nous croyons permis d'ajouter que, si puissante qu'y soit l'autorité, il ne suffit pas toujours, pour qu'une chose soit vraie, qu'elle l'ait admis ; qu'il faut souvent mieux que cela, qu'il faut que le savoir l'ait enseigné ; et que si, quand le savoir a enseigné que quelqu'une l'est, elle voulait le contester et faire à ce sujet usage de son pouvoir, elle s'exposerait à le compromettre. L'histoire en a légué au monde trop d'exemples pour qu'il soit utile d'en rappeler un seul. Ce qui faisait notre force à nous ce n'était pas le pouvoir, nous n'en avions aucun, c'était la grande quantité d'observations, d'expérimentations et d'études que nous avons faites depuis vingt et quelques années, et qu'aucun autre n'a faites ni même eu occasion de faire à beaucoup près au même degré que nous ; on en peut voir des échantillons dans nos divers écrits, et surtout dans notre Essai de

Traité sur l'entretien des routes ; ce qui faisait notre force, c'était ce long passé d'épreuves difficiles, toujours soutenues avec succès, c'étaient vos propres suffrages et ceux de tant d'autres hommes haut placés. Aujourd'hui même que nous sommes privé des moyens de l'accroître, viennent vos conseillers chercher à nous l'ôter, cette force, nous ne disons pas *vous*, parce que, malgré la grande franchise avec laquelle nous nous exprimons, vous seriez fâché que nous ne l'eussions pas, mais eux qu'ils viennent, et nous vous ferons juger de la faiblesse de leurs armes, de leur peu de spécialité dans la matière ! Laissez s'écouler quelques années, et vous verrez si c'est à eux ou à nous que l'opinion, cette reine du monde, aura donné raison !

§ 59. — Toute branche de connaissances présente, et à quelque époque que ce soit, des faits dont, avec raison, on se préoccupe beaucoup, des faits dont à tort on se préoccupe trop, des faits dont à tort également on ne se préoccupe pas assez. Et pour chacune la distinction de ces trois ordres de faits a besoin, pour être saisie, surtout dans ses degrés et nuances, que l'on ait fait de cette branche une étude approfondie.

Il y a une vingtaine d'années, on s'inquiétait, et à bon droit, du mauvais état toujours croissant des routes : la chose en effet en valait bien la peine. Mais on donnait beaucoup trop d'attention à cet autre fait, non moins certain cependant, que de petits cubes de pierres isolés s'écrasaient sous des charges bien inférieures à celles portées par chaque roue d'une foule de voitures, et l'on n'en accordait pas assez, ou plutôt on n'en accordait aucune à cet autre fait d'une importance capitale, que les travaux d'entretien étaient confiés à des ouvriers abandonnés à eux-mêmes, qui par conséquent n'en prenaient qu'à leur aise, ne venaient à l'ouvrage que quand ils le voulaient, ne faisaient que ce qui leur plaisait et comme ils l'entendaient. De ce *trop* et de ce *pas assez* découlait toute une fausse direction d'idées.

Plus tard, une très grande amélioration s'est produite. L'administration a reconnu la nécessité, l'urgence même des expérimentations, et les a encouragées, le conseil général comme le ministre, et surtout l'homme le plus éclairé, le plus expérimenté du corps, son sous-secrétaire d'état. Elle s'est appliquée en outre à rassembler des faits, beaucoup de faits (1), et tout semblait présager qu'elle ne tarderait pas à obtenir les plus heureux résultats.

(1) Publiés et distribués aux chambres par l'administration, sous ce titre : *Développements relatifs à la décomposition de la somme affectée à l'entretien des routes royales*, ces faits, ou plutôt les enseignements qu'ils renferment, n'ont pas tous été bien compris. Il ne peut donc être mal vu de citer à leur sujet quelques lignes d'un mémoire que nous avons adressé à cette administration au commencement de l'année dernière, et à MM. les inspecteurs généraux il y a quelques mois.

« Mais d'abord quels sont les traits principaux, les caractères géné-
» raux de ces faits ?

» Premièrement, comme ils sont la moyenne de chaque département,
» et proviennent ainsi de plusieurs routes, de plusieurs ingénieurs, ils
» sont *mélangés*.

» Secondement, comme ils sont dûs à des ingénieurs qui n'ont pas,
» et, dans l'état des choses, ne peuvent pas avoir la même manière de
» voir sur l'entretien, les mêmes procédés, les mêmes règles de con-
» duite ; comme une partie des résultats a été influencée par des agents
» de surveillance qui sont les uns plus ou moins expérimentés, les autres
» plus ou moins novices, ils sont *compliqués*.

» Il est donc évident déjà que ce n'est pas à titre de matériaux scienti-
» fiques applicables à la recherche des premiers principes des questions
» de routes proprement dites, qu'ils peuvent être étudiés, invoqués. Les
» choses s'y trouvent généralement, sous ce point de vue, trop mêlées,
» trop entrelacées, trop accompagnées de considérations accessoires. Mais
» ils ont, à nos yeux du moins, une utilité plus grande, c'est celle d'offrir
» un tableau fidèle et presque complet de l'ensemble d'idées qui, sur des
» points fondamentaux, domine dans le corps. Ils sont, sous ce rapport,
» la représentation de ce corps ; ils en donnent la physionomie. »

Aujourd'hui , parmi les faits des trois ordres ci-dessus ,
quels sont ceux qui en ce moment dominent la situation ?
Celui qu'à juste titre on a sans cesse devant les yeux , c'est
l'élévation toujours croissante des besoins , des dépenses ;
celui dont on se préoccupe trop , c'est l'économie évidente,
immédiate que présente la diminution du personnel ; celui
dont on ne se préoccupe pas assez, c'est la déperdition énorme
de forces , le gaspillage de fonds qu'amènent , d'une part , la
grande insuffisance et le peu de spécialité de la surveillance,
la surcharge des ingénieurs , leur faiblesse générale en matière d'entretien , de l'autre, le mésaccord fort grand qui
existe entre eux sur les principes même fondamentaux de cet
art , enfin et surtout l'inexécution flagrante des règlements,
des instructions , et le manque de moyens d'y mettre un terme , manque auquel pourtant il serait facile de remédier.

L'anecdote plus haut rappelée, du cheval dompté par
Alexandre , comprend aussi ces trois ordres de faits : premièrement , la difficulté d'empêcher l'animal d'estropier ou
au moins de renverser rudement ses cavaliers: secondement,
les tentatives infructueuses de ceux-ci et la solution qui s'offrait à son maître de le vendre à vil prix : troisièmement ,
celle trouvée par l'homme plus spécial et plus clairvoyant.

Toutes les questions d'entretien de routes et bien d'autres en sont là. D'abord , la difficulté , le problème à résoudre , puis les solutions proposées ou arrêtées par les personnes peu ou point spéciales , c'est-à-dire l'erreur : enfin ,
celle présentée par des individus plus ou moins spéciaux ,
c'est-à-dire la vérité ou au moins quelqu'un de ses rameaux.

§ 60. — La tâche des ingénieurs consiste presque toujours, du moins en France , à appliquer des connaissances
acquises, et à exécuter ou à faire exécuter des règlements,

des instructions. Sans doute il y en a qui se distinguent par l'invention, les noms de *Fresnel*, de *Vicat*, de *Poirée*, en rappellent les principaux exemples : mais ce ne sont là que des exceptions, et encore de rares, de trop rares exceptions. La règle est que la carrière des ingénieurs, même les mieux méritants, que leurs titres à l'avancement, aux récompenses ont toujours pour objet des applications de choses sues. Et comment d'ailleurs pourrait-il en être autrement? Outre que l'aptitude aux inventions est peu commune, qu'elle n'est pas toujours accompagnée de la persévérance, de la suite dans les idées, de l'énergie de caractère, de l'abnégation d'intérêts, de la franchise, qui la plupart sont presque toujours plus ou moins nécessaires à ses succès, elle est souvent privée de l'occasion de s'exercer, et tout le monde ne sait pas la saisir ou la faire naître.

Cette tâche, il faudrait être bien injuste et bien mal avisé pour avoir la pensée de la déprécier : mais il faudrait l'être aussi, mais il faudrait aller contre l'évidence, pour ne pas la placer fort au-dessous de celle exceptionnelle d'invention, et à ce sujet on rappellera cette phrase de Bernardin de Saint-Pierre que l'on a mise en tête de la 4me section : *Les inventeurs en chaque science sont les plus dignes de louanges, parce qu'ils en ouvrent la carrière aux autres hommes.*

Celui qui dans un fétu (l'idée de *pousse-caillous* n'était pas autre chose) sait découvrir et en tirer toute une branche de connaissances profondément utile à la société, ne rend-il pas à cette société un service bien plus grand que celui qui ne fait qu'appliquer des principes et des méthodes connus? Celui qui, dans un moment où gouvernement, chambres, administration et corps des ponts et chaussées, commission supérieure composée des hommes les plus éminents du pays, ainsi du reste que tout ce qui s'intéress au bon état des routes, sont jetés dans une terreur panique par l'exposé d'une expérience dûe à l'une des autorités les plus compétentes dans la matière, terreur qui pouvait conduire à l'adoption de mesures désastreuses, celui qui dans ce moment vient mettre un terme à cet émoi et à ces mauvaises chances, en démontrant que c'est d'un fantôme que l'on s'effraie, et en faisant voir où gît le mal, ne fait-il pas une œuvre beaucoup plus utile que celui qui n'enseigne rien de nouveau? Celui qui, lorsqu'un savant d'une supériorité incontestée, M. Navier, fait paraître un écrit dont les vues reçoivent dans son corps et surtout à l'administration une éclatante approbation, vient prouver que la réalisation de ces vues serait fatale au pays, et le prouver si bien qu'elles sont promptement abandonnées, n'est-il pas dans le même cas? Celui qui, lorsque des hommes aussi distingués que MM. Emery et Morin viennent mettre au jour une nouvelle théorie non moins funeste, vient encore en démontrer l'inexactitude et les fâcheuses conséquences, ne l'est-il pas aussi? Et si c'était le même ingénieur qui eût fait tout cela; si c'était celui qui a découvert dans les relations du roulage avec les routes un certain nombre de lois fort importantes (voir sa brochure de mai 1843): si c'était celui qui, chaque fois que des mesures contraires aux intérêts bien entendus de la nation, de la société, de la science, ont été proposées aux chambres au sujet d'un rameau de sa spécialité, est monté sur la brèche, et n'a pas craint, pour faire connaître au public les erreurs sur lesquelles reposaient ces mesures, de s'exposer aux mécontentements de tout son corps, et surtout de son administration : si c'était celui qui aujourd'hui encore vient continuer ce rôle, en montrant que, parmi les dispositions que cette administration a prises récemment, il y en a qui s'écartent

des principes les mieux établis par l'expérience, ne serait-ce
pas le cas d'assurer, d'une part, qu'il y a peu d'ingénieurs
qui aient mieux mérité de leur pays, de l'autre, que dans
l'intérêt de ce pays, dans celui de la science, dans celui de
l'équité, même de la justice, ç'a été une mauvaise inspi-
ration que la mesure dont il vient d'être l'objet? Car enfin
ce par quoi il a eu le bonheur de se distinguer ce n'est pas
seulement les heureux résultats d'un labeur et d'un dévouement peu communs, ou ceux d'une franchise d'ailleurs
assez rarement poussée aussi loin, mais encore, et surtout,
la généralité des idées, des faits et des principes qu'il a mis
en circulation, comme l'utilité et l'opportunité de leur émis-
sion, de leur application. Un ingénieur dont le suffrage a
bien du prix, M. Vicat, écrivait il y a quelques années
à ce pionnier : « Si j'avais l'honneur de diriger l'admi-
» nistration, je voudrais que l'homme-route, que l'ingé-
» nieur à qui l'entretien doit de si immenses améliora-
» tions........ » Peu d'années auparavant, il lui avait dit
avec l'extrème modestie qui lui est propre : « Vos décou-
» vertes sur les questions d'entretien de routes et de rou-
» lage sont bien plus utiles que les miennes sur les mor-
» tiers. » Celui à qui il s'adressait n'a pas la prétention
de prendre à la lettre ce bienveillant propos : mais il a celle
de croire que l'avenir ne placera pas à une grande distance
les deux services ; mais il a celle de croire que, s'il n'eût
pas été mis par la suppression de sa mission dans l'impossibilité de continuer à apporter des matériaux à la science
de l'entretien des routes, la supériorité fût peut-être restée
à celui dont le domaine embrasse jusqu'aux plus petits re-
coins des états, et fait généralement des chemins le seul
moyen de communication et de lien facile de la presque
totalité des individus ; mais il a celle de croire que, lorsque

l'administration lui exprimait les choses flatteuses que l'on a lues, et que d'ailleurs tant d'autres personnes d'une position élevée lui ont dites aussi, elle faisait elle-même des réflexions peu différentes, et était bien plus dans le vrai qu'elle ne l'est depuis quelques mois.

§ 61. — Il est rare de nos jours, surtout en matière de science et d'art, qu'un ensemble de vérités bien démontrées soit longtemps opprimé impunément par l'erreur. C'est, nous l'avons déjà dit plusieurs fois, le soleil de Lefranc de Pompignan : *Le Nil a vu sur ses rivages.....* C'est aussi la maxime à satiété rappelée de Montesquieu : *On a beau faire, la vérité s'échappe et perce toujours les ténèbres qui l'environnent.* Lorsque l'enfance d'une branche de connaissances se révèle par des symptômes aussi caractéristiques que ceux que nous avons signalés, et entre autres ceux-ci : Croire peu utile un système d'expériences en grande activité ; ne tenir aucun compte des assurances données par celui qui le dirigeait, que ce système recélait la solution des problèmes les plus intéressants pour la société et pour la science : oublier les titres et les droits les mieux établis ; mettre le sujet qui la pratiquait avec le plus de succès dans le cas de renoncer à une activité que son expérience pouvait rendre encore très utile : suivre un principe analogue à celui qui prescrirait au médecin de visiter ses clients pendant qu'ils se portent bien, et de les abandonner pendant qu'ils sont malades, etc., etc., cette enfance ne peut tarder de frapper les esprits même les moins clairvoyants, à bien plus forte raison un public qui déjà avait su reconnaître, il y a une vingtaine d'années, que les ingénieurs étaient trop instruits pour ne pas considérer alors cette branche comme fort au-dessous d'eux.

Sera-ce en vain que nous aurons décrit ces symptômes, et fait voir combien est grave le mal qu'ils décèlent? c'est ce dont nous n'avons pas à nous occuper. Guidé par la conviction, et elle est profonde en nous, que les choses de notre spécialité sont fortement en souffrance, et qu'il serait d'un haut intérêt pour le pays et pour la science qu'il y fût promptement porté remède, nous avons, continuant la tâche que nous nous sommes donnée depuis vingt ans, franchement exposé ce que nous en pensons. Advienne que pourra !

§ 62. — Toujours il vient un moment, et parfois il ne se fait pas attendre, où la société règle le compte de ceux qui lui ont rendu de grands services. Souvent alors, quand la marche en a été arrêtée, elle en examine et signale les causes. Nous croyons que si jamais elle règle le nôtre, elle sera peu favorable aux personnes qui, bien que sans le vouloir, ont induit l'administration en erreur sur le dégré d'utilité de notre mission. Nous croyons surtout qu'elle approuvera à un haut degré notre franchise et la persévérance comme les motifs de notre dévouement. Le temps fait la part de tous, et met chacun à sa place. Si nous avons mal agi, il nous en punira, et il fera bien : si c'est d'autres, il ne les épargnera pas davantage, et les épargnera d'autant moins qu'ils auraient joui de plus d'influence.

Les méthodes que l'humanité emploie pour avancer dans sa destinée, ne se changent pas, ne se modifient même pas brusquement. Après les supplices qui autrefois étaient le lot de la plupart des auteurs de grandes améliorations, sont venus successivement l'exil, les persécutions, le mauvais vouloir, les dénigrements, l'injustice ; la méthode des récompenses n'apparaît encore pour eux que de loin en loin. Nous ne saurions donc nous plaindre. Avoir, pendant une vingtaine d'années, répété sans cesse à tout un corps comm celui des ponts et chaussées, et cela dans de nombreuses publications, qu'une branche de service d'une importance capitale, à lui confiée, était fort mal tenue ; avoir répandu ces publications, ne s'être jamais fait faute d'y mettre en relief les erreurs commises dans cette branche, soit par l'ensemble de ce corps, soit par son administration, soit par les hommes les plus distingués, soit par des influences plus ou moins puissantes, c'est-à-dire avoir porté, comme nous l'avons fait, et pendant si longtemps, le scalpel sur des organes d'une excessive sensibilité, c'était plus que notre époque n'en pouvait tolérer. Nous remercions même notre administration, la tête de notre corps et nombre de nos confrères de ce qu'ils ne s'en sont pas scandalisés davantage. Ils ont en cela fourni une nouvelle preuve que le propre des hommes supérieurs est de respecter la franchise et l'énergie des convictions, parfois même de les considérer comme plus utiles que de belles découvertes.

Il est juste que ce soient ceux qui ne sont pas tout à fait privés des aisances de la vie, ou qui ont acquis quelque crédit, quelque influence par leurs services, par leur caractère, qui se mettent en avant et pâtissent pour faire pénétrer la vérité. Trop heureux encore quand à la noblesse de ce rôle, à la sympathie qu'il inspire aux esprits généreux et élevés, aux éloges les plus flatteurs, ils peuvent allier les suffrages mêmes de ceux qui les ont empêchés d'être plus utiles.

On ne peut se flatter que ce que l'on dit et la manière dont on le dit soient goûtés par tout le monde ; on ne peut non plus se flatter d'éviter toute erreur. Nous pourrons être désapprouvé pour avoir parlé souvent de nos travaux et avec une entière sincérité : mais nous prions de remarquer qu'en raison de la suppression du service d'expériences, c'était pour nous une nécessité, un devoir. Tant de bons esprits pensent que ce service était une chose excellente, que presque tout le monde a vu dans cette suppression une mesure désobligeante et peu flatteuse pour nous, il y a plus, une véritable disgrâce. Avions-nous le choix entre chercher à les détromper et nous taire ? Nous pourrons être désapprouvé pour avoir mis à nu des plaies que l'esprit de corps n'aime pas que l'on découvre ; mais nous prions de faire attention qu'avant d'appartenir à un corps on appartient à son pays, et qu'avant d'appartenir à son pays on appartient à la vérité. Nous pourrons être désapprouvé pour avoir, selon notre vieille coutume, exposé ce que nous pensons de celles des dispositions récentes adoptées par l'administration qui intéressent notre spécialité, et exprimé l'opinion que plus d'une est bien moins favorable au progrès que celle qu'elle a remplacée ; mais nous prions de considérer que cette administration n'est pas infaillible, et que si quelqu'un peut l'éclairer sur les choses de cette spécialité, ce sont évidemment ceux qui en ont fait toute leur vie une étude aussi attentive et aussi persévérante que nous. Enfin, nous avons pu commettre des erreurs ; mais nous ne demandons, pour les avouer et les rectifier, qu'à les connaître. Notre passé fait foi que cela ne nous coûte pas. Plus d'une fois nous avons rappelé ces paroles de Linnée : « Je » vous remercie d'avoir relevé en moi des erreurs, car je » puis les corriger tant que je vis, et je ne le pourrai plus » dans la tombe. » Et il ne dépendrait pas de nous de pouvoir dire avec Boileau :

« Sitôt que sur un vice ils pensent me confondre,
» C'est en me corrigeant que je sais leur répondre. »

FIN.

APPENDICE.

Au moment où s'achève l'impression de cet opuscule, nous apprenons un fait qui nous engage à revenir avec plus de détails que nous ne l'avons fait sur un des principes les plus essentiels qui y ont été exposés, ainsi que dans ceux qui l'ont précédé.

Une des premières lois que s'imposent les esprits justes, c'est de reconnaître et d'accepter les faits bien constatés, qu'ils soient ou non en harmonie avec leurs idées, avec leur passé.

En matière d'entretien de routes, il existe un certain nombre de ces faits, et nous avons dans cette brochure appelé l'attention sur plusieurs. Nous y avons surtout insisté et à diverses reprises sur ceux qui ont une grande importance, et notamment sur celui-ci, que depuis une vingtaine d'années nous remettons sans cesse sous les yeux, d'abord, en raison de ce que c'est le premier anneau de la chaîne de faits sur lesquels reposent la théorie et la pratique de cet art, ou, pour parler plus juste, parce que c'en est le flambeau ; ensuite, en raison de ce que, malgré tout ce que nous avons pu dire, on agit en général à chaque instant comme si on l'avait oublié, et souvent même comme si on ne le connaissait pas ; sur celui-ci disons-nous :

Les travaux d'entretien des routes sont exécutés par des ouvriers isolés (les cantonniers) qui sont disséminés sur de grandes longueurs de ces voies.

Et pourquoi ce fait doit-il être considéré comme le premier anneau de la chaîne, ou mieux comme un flambeau? Parce que c'est de lui que dérivent d'abord presque toute l'organisation du personnel de la surveillance, ensuite les dispositions réglementaires principales. Et pourquoi cette dérivation? Le voici :

Que l'on interroge les industriels de toutes classes, de tous ordres, de toutes positions, fabricants, manufacturiers, artisans, cultivateurs, entrepreneurs, tous ceux enfin qui sont dans le cas d'employer des ouvriers à la journée, et qu'on leur demande s'il est facile d'en obtenir qu'ils donnent généralement à leur ouvrage tout le temps qu'ils lui doivent, et surtout qu'ils s'appliquent à le bien faire ! Quoiqu'ils les aient constamment sous les yeux ou sous ceux d'agents qui leur sont plus ou moins dévoués, ils trouvent cela si difficile, que toutes les fois qu'ils peuvent, sans trop d'inconvénients, recourir à la méthode des tâches, ils n'hésitent pas à le faire. Combien donc cent fois ne doit-il pas l'être plus d'obtenir, ne fût-ce que l'exactitude, la présence au chantier, mais à bien plus forte raison un travail suffisant et intelligemment fait, d'ouvriers éparpillés à de grandes distances? Cela paraît si difficile qu'une foule d'ingénieurs ne l'ont pas cru possible, et qu'il n'y a pas bien longtemps encore beaucoup repoussaient par ce motif l'institution des cantonniers. Et qu'eût-ce été si ces ingénieurs avaient eu assez la spécialité de l'entretien pour savoir que, surtout aux époques où les travaux sont le plus nécessaires, la nature de ces travaux exige souvent que l'ouvrier change plusieurs fois par jour de manière de faire et même d'outils par le fait seul d'un changement de temps, d'un gel ou d'un dégel, de l'arrivée ou de la cessation de la pluie, de celles de tel ou tel vent, de celles de tel ou tel brouillard, de la présence ou de l'absence du soleil, d'un surcroît ou d'une diminution de roulage, de telle ou telle détérioration, etc., etc.? Cela paraît si difficile, qu'il n'y a peut-être pas un ingénieur de routes qui n'ait tourné et retourné bien des fois sous toutes les faces la question de la possibilité ou de l'impossibilité de faire faire les travaux à la tâche, et, parmi ceux qui avaient assez d'expérience pour comprendre cette impossibilité, pas un peut-être qui ne l'ait vivement regrettée.

Heureusement notre pratique et celle d'un certain nombre d'ingénieurs ont prouvé que si le problème était difficile, il n'était pas insoluble. Mais elle a montré qu'il n'était soluble, en ce qui touche l'assiduité au chantier, qu'à l'aide d'une surveillance *très forte et convenablement organisée*, en ce qui touche l'opportunité d'exécution des travaux, leur bonté et leur quantité, que par une surveillance *spéciale*. Mais elle a montré que dès qu'il y a du relâchement dans l'accomplissement de ces deux conditions, que dès qu'il n'y a plus fréquence, adresse, intelligence des visites, d'une part, expérience et sagacité d'impulsion et de conduite de l'autre, rien n'est commun comme de perdre sur le temps dû par la main-d'œuvre un huitième, un septième, un sixième même ou plus encore, et sur la bonté des travaux, sur l'emploi des matériaux, une valeur guère moindre en moyenne, et quelquefois plus grande. Or, veut-on savoir à quoi équivaudrait annuellement pour l'ensemble des routes royales une perte de seulement un huitième sur chacun des deux ? A environ deux millions ; car il résulte des publications de l'administration que le coût de la main-d'œuvre est de plus de huit millions. Ce serait donc une somme beaucoup plus forte que celle que coûte aujourd'hui toute la surveillance. Que l'on juge par ce peu de mots combien est fâcheux le relâchement, et à plus forte raison l'inexécution des conditions dont il vient d'être parlé ! Et encore dans cette perte nous n'avons tenu aucun compte de celle de l'industrie des transports.

Maintenant, y a-t-il dans toute la France un seul département où cette partie si essentielle du service soit suffisamment bien montée, ne fût-ce que sous le rapport de l'exactitude ? Les publications auxquelles on vient de faire allusion semblent établir qu'il n'y en a pas un. Elles semblent établir qu'il y a peu de routes où les cantonniers soient visités par un surveillant digne de ce nom une fois seulement tous les deux jours. Et l'on voudrait qu'il n'y eût pas gaspillage de main-d'œuvre et de matériaux ! Que vous en semble, MM. les manufacturiers et fabricants ? C'est à n'y pas croire, n'est-ce pas ? Eh bien ! voilà pourtant où en sont encore l'art et la science de l'entretien !

Sans doute on ne peut songer, il en coûterait trop pour les avantages que l'on en retirerait, à faire visiter, même tous les 3 ou 4 jours, les routes peu fréquentées ; mais aussi combien n'y en a-t-il pas, parmi celles à fort roulage, qui auraient besoin que cette surveillance les parcourût un certain nombre de fois par jour.

Ces détails donnés, nous pouvons exposer, et en deux mots, le fait qui a donné naissance à cet appendice.

Sur le service d'expériences, ce rouage si important, cheville ouvrière d'une bonne viabilité, avait été établi d'une telle façon, qu'il n'y avait pas de cantonnier qui en moyenne ne fût visité par un chef plus ou moins exercé au moins une ou deux fois par jour, certains même, suivant les circonstances et les localités, sensiblement plus, et comme de juste tantôt à une heure, tantôt à une autre. Or, sur quelques points, on a cru bien faire de réduire notablement et l'activité et la spécialité de cette surveillance. Eh bien ! le fait que nous apprenons, c'est que déjà nombre de cantonniers y arrivent tard à l'ouvrage, s'en vont de bonne heure, causent volontiers avec les allants et les venants, et travaillent avec une grande mollesse. La conséquence était inévitable, mais nous ne nous serions pas attendu à la voir se manifester sitôt.

On est libre de nous croire ou de ne pas nous croire, mais nous affirmons, et nous ne craignons pas que l'avenir nous démente, qu'il n'y aura jamais d'entretien bien et économiquement fait que celui qui aura, d'abord et avant tout, une surveillance *forte, spéciale* et *bien organisée*, ensuite une direction *expérimentée* et *non surchargée*. C'est là une loi générale de toutes les industries, et il suffit de la connaître pour prévoir qu'elle doit être applicable à l'entretien.

Un reproche que le public a souvent fait à la pratique de cet art, et qui selon nous était et est encore trop bien mérité, c'est que les agents sont beaucoup trop souvent dans les bureaux des ingénieurs ou chez eux, et trop rarement sur les routes. Ajoutons-y une chose qui n'est pas moins vraie et qui n'est guère moins fâcheuse, c'est que beaucoup d'ingénieurs ne prisent pas assez la qualité la plus essentielle d'un surveillant de routes, la *spécialité de l'entretien*, et prisent beaucoup trop ses qualités accessoires, celles de cabinet. Forcément hommes de cabinet eux-mêmes, ils ne songent pas assez que plus ils le sont, et plus ils doivent tenir à avoir d'habiles agents qui ne le soient pas.

Cette question de la *fréquence*, de *l'activité* et de la *spécialité* de la surveillance est bien plus importante encore que celle sur laquelle nous avons tant insisté, de *l'adoption* et de la *spécialité* des inspections d'hiver ; mais elles se lient et à vrai dire ne sont que deux faces différentes d'une même question, la surveillance générale de tout ce qui se fait. Aux ingénieurs comme à l'administration, à l'administration comme aux ingénieurs il faut des lunettes et de bonnes lunettes.

TABLE.

EXPOSÉ.

Pages

3me SECTION.

QUELS SONT LES PROGRÈS QUE, DANS L'ÉTAT ACTUEL DES CHOSES, IL SERAIT LE PLUS UTILE QUE L'ON FÎT FAIRE A L'ENTRETIEN? QUELS PROBLÈMES SERAIENT LES PLUS URGENTS A RÉSOUDRE?

L'entretien est encore si arriéré, qu'à chaque instant, faute de savoir les choses, on s'y paye de mots. — Parfois même on fait pis. — Énormité des erreurs qui régnaient il y a quelques années ; de non moins énormes existent encore ; en fait d'inspections de

L'objet de ce service était l'expérimentation en grand

6me SECTION.

DES MEILLEURS MOYENS DE HATER LES PROGRÈS DE L'ENTRETIEN.

7me SECTION.

RÉSUMÉ ET CONCLUSION.

APPENDICE.

FIN DE LA TABLE.